THE BIONICS
OF PRODUCT FORM DESIGN

产品形态设计仿生学

许永生 著

U0262769

中国建筑工业出版社

图书在版编目（CIP）数据

产品形态设计仿生学 / 许永生著 . —北京：中国建筑工业出版社，2019.7
ISBN 978-7-112-23884-2

Ⅰ．①产…　Ⅱ．①许…　Ⅲ．①产品设计－造型设计－仿生　Ⅳ．① TB472

中国版本图书馆 CIP 数据核字（2019）第 118341 号

责任编辑：滕云飞
责任校对：王　瑞

产品形态设计仿生学

许永生　著

*

中国建筑工业出版社出版、发行（北京海淀三里河路 9 号）
各地新华书店、建筑书店经销
北京建筑工业印刷厂制版
天津图文方嘉印刷有限公司印刷

*

开本：787×1092 毫米　1/16　印张：8　字数：148 千字
2019 年 8 月第一版　　2019 年 8 月第一次印刷
定价：**68.00** 元
ISBN 978-7-112-23884-2
　　　（34184）

前　言

　　宇宙宛如一座庞大的生命机械，缔造了千姿百态的生命万象，它的这番成就，我们称之为大自然。

　　正是大自然的这番成就，为人类科学技术的发展提供了认识、研究、实证的可能，也为设计师和工程师们提供了永不枯竭的灵感启迪与创新源泉。

　　从古至今，人类在模仿自然、学习自然的活动中形成的产品造型与仿生息息相关，因此仿生被广泛地应用于人类造物的活动中。仿生活动有效地提高了人们对资源、效能、可持续设计与产品适用性潜能的理性开发水平。

　　本书分析了仿生设计的背景、目的和意义，国内外的现状，总结了仿生设计的基本理论、形态与产品形态设计仿生理论、产品形态设计仿生的类型及方法程序等内容，针对产品形态设计仿生的问题提出了应对的办法，目的在于推动产品造型中形态仿生设计方法与理论的认知更新。在现有的形态仿生设计的基本方法与思路基础上，笔者构建了从生物原型到仿生设计程序的理论模型和从产品问题到仿生学的仿生设计程序的理论模型，创立了形态仿生优化的程序与方法，即：确立设计概念，生物形态优化，方案的视觉化，方案的产品化，产品的市场化。笔者还通过多种设计案例分析，对建构的产品形态设计仿生方法与程序进行了验证与研究。

　　大自然的无穷能量是人类难于驾驭的，这注定了人类以自然为师并不断获得文明养分。绿色生态设计和可持续设计是未来发展的趋势，仿生设计引领人类回归自然，促使人类与大自然和谐共生。

徐伯初

国际轨道车辆工业设计联盟副理事长

西南交通大学建筑与设计学院教授、博士生导师

2018 年 9 月

目录 CONTENT

仿生设计概述

Overview of bionic design

1

仿生设计的背景

仿生设计的目的和意义

仿生设计的历史及现状

仿生设计的背景

时代背景

人类从洞穴岩画开始，艺术创作活动就经历着无数的变化。产品造型设计的方法与形式随着大工业化生产发展，也一直在变化，有关产品造型形态设计的探索与研究也不断推陈出新。德国包豪斯在 20 世纪初就主张抽象的几何造型，并将这种风格推向全世界。1907 年，美国芝加哥建筑学派的路易斯·沙利文倡导"形式追随功能"的设计原则，由此发展至德国青蛙设计的"形式追随激情"哲学，工业产品造型的风格与形式在不停地增加和变化，这不仅与地域、国家、民族、文化相互关联，更与时代的发展息息相关。随着产品市场竞争日益激烈，除了产品功能创新、材料创新外，企业在产品造型设计上要不断突破以往的形态，才能在竞争市场中突出自己的亮点。

在当今社会，人们渴求产品在满足基本功能的前提下，能带给人轻松感，以缓解紧张的生活节奏和压力。于是，产品形态与人类的生命价值、心理层面、各种精神等联系在一起。如何解决人的需求，并协调好社会和环境之间的关系，这已成为全世界设计师最重要的研究课题。师法自然、回归自然的仿生设计观念也正预示着未来设计的变革方向。从古至今，人类学习大自然，以自然生物形态作为设计对象的仿生产品具有的自然美感魅力，深受人们的追捧。仿生设计是最自然、最具朝气、最具活力的产品造型方法，是设计追求人性、回归自然的具体、可行的方法，并以其独特的魅力已逐渐成为产品造型设计的新亮点。[①]我国古代的"天人合一"、"崇尚自然"的造物观念与仿生设计理念相吻合。现代社会，设计师在秉承传统造物文化的同时，利用现代科学技术，从大自然中寻找造型设计的素材，不断设计出独具艺术魅力的仿生产品，构筑人类自然绿色家园。

①于帆，陈嬿.仿生造型设计[M].武汉：华中科技大学出版社，2005: 5.

学术背景

1960 年 9 月 13 日，美国空军航空局为仿生学特意在俄亥俄州的戴顿空军基地组织了一次会议，在这次会议上，由斯蒂尔上校提出以仿生学（Bionics）作为这门新学科的名称。会议通过了这个提议，并确定仿生学的定义为："仿生学是模仿生物系统的原理来建造技术系统，或者使人造技术系统具有或类似于生物系统特征的科学。"[①]会议探求大自然界，主要围绕以生命与形态、功能与形态的关系为主题展开了讨论。德国在 1988 年举行了首届国际仿生设计研讨会，再到 1993 年由詹妮·班纳斯（Janine Benyus）创立了仿生学研究院（The Biomimicry Institute）；20 世纪以德国路易吉·科拉尼（Luigi Colani）为代表的仿生设计作品引导了时代仿生设计的潮流。现在，仿生设计在欧美设计领域已成为未来的设计时尚，也带动我国设计界对仿生设计研究的重视。2005 年，清华大学美术学院和南京艺术学院分别聘请路易吉·科拉尼为客席教授，科拉尼先生还在南京艺术学院举办了题为"宇宙间并无直线——科拉尼设计作品与风格"的学术报告。2010 年 12 月 7 日，清华大学美术学院为推动我国工业设计教育、创新与研究向高水平发展，邀请德国慕尼黑大学应用科学设计学院阿克赛尔·塔勒摩尔（Axel Thallemer）教授举办了一周关于"仿生设计研究"的研讨会。

①徐伯初,陆冀宁.仿生设计概论[M].成都：西南交通大学出版社，2016: 10.

仿生设计的目的和意义

图1-1　亚历克斯·布拉迪(Alex Brady)依据动物形态设计的未来飞行器（一）

目的

　　从古至今，国内外的产品造型设计与仿生因素息息相关，这是由于人类不停地在模仿自然、学习自然。无论是我国的鲁班在春秋时期发明的木鸟，还是德国的天文学家米勒的铁苍蝇及机械鹰的设计，以及美国莱克兄弟设计的双翼飞机，都是人类模仿自然、学习自然的杰作。仿生设计源于自然又回归自然，在人类创新设计活动中有着丰富实践经验和深厚历史积淀，是最新颖、最具生命活力的设计创造方法。

　　当今设计师已经把产品造型创新方向投向仿生设计领域，并通过仿生形态，融合传统造物文化，创造回归自然的人性化生活方式，让人们都有亲近大自然的机会。因此，形态仿生在现代产品造型设计中被广泛应用，小到充满趣味的生活日用品、小家电，大到飞机、轮船等交通工具的设计。亚历克斯·布拉迪（Alex Brady）来自剑桥郡，他的作品深受科幻电影的影响，如图1-1所示，从恐龙到海豚，从鸟类到鱼类，在大自然的启发下，亚历克斯·布拉迪创作出了许多

图1-1　亚历克斯·布拉迪（Alex Brady）依据动物形态设计的未来飞行器（二）

令人意想不到的概念飞机图像。这些飞机的外形奇特，似乎只存在于未来世界，或者是飞行在其他星球的天空中。布拉迪设计飞机造型采用的动物原型有疣猪、斑马、潮虫，以及蝠鲼、海豚和水母等海洋动物，雨燕、燕子和翼龙也成为布拉迪的灵感源泉，作品尽显仿生的流线型魅力，具有超强的想象力和十足的科幻

感。仿生已成为产品造型设计中的常用模式和思维方法。从工艺美术运动的"向自然学习"到新艺术运动中热衷于动物、植物的有机形态，到德国卢吉·科拉尼（Luigi Colani）（1926- ）以及意大利阿莱西（Alessi）公司的作品（图1-2，图1-3），仿生设计为设计师们提供了丰富的设计资源和创意灵感。工业设计产

业在我国的起步晚，导致发展时间较短，很多领域的设计仍然停留在学习模仿阶段，加上对产品知识产权的保护不够，造成设计行业的创新不够。如何就我国现实情况，提升我国设计行业的水平，尤其在产品造型设计上的创新能力，是摆在我们面前的重要目标和任务。因此，加强仿生设计的研究，让设计回归自然，师法自然，是提升中国工业产品造型设计水平的重要途径。这也是本书研究仿生设计的目的。

意义

大自然是科学研究的首选对象，科学研究的过程就是不断揭示大自然客观规律的过程。人类依据大自然的客观规律，结合自然生物系统的发展规律后所获得的科学理论，在造型、审美、材料、工艺、力学、结构等领域都取得了无数的创新成果。自然生物系统与人造物之间有着许多相似之处，仿生设计就是将"师法自然"的理论成果应用于工程技术当中，正逐渐成为产品造型中创新设计发展的新方向。

仿生设计带来的回归自然的设计、生态设计、可持续设计、以人为本的设计与整个社会的审美观、心理需求相吻合。仿生设计以形态主导产品设计，在视觉美感、文化趣味和情感意象上给产品注入更多的人情味。总之，仿生设计将人—产品—科技—自然—社会环境系统放到生态学整体系统中衡量，用仿生科学原理去指导设计，实现技术与自然、人类历史，科学和艺术和谐共生，这是工业设计界乃至是整个人类社会发展的趋势和追求。

图1-2　科拉尼 | 设计的交通工具

图1-3　意大利 | 阿莱西(Alessi)公司作品

仿生设计的历史及现状

仔细分析世界现代设计历史，仿生设计在设计领域中具有重要的价值和意义。纵观整个设计历史，各种设计风格与流派的作品都包含了仿生创造的智慧，这些设计风格与流派有着共同特点，它们都在体现一种自然的情怀，并在设计中注入新的活力。[①]下面简要地纵向回顾一下国外国内仿生设计，帮助读者对仿生设计的历史及现状有一个清晰认识。

国外仿生研究分析

此处重点从英国工艺美术运动、新艺术运动、流线型风格以及仿生设计在汽车造型领域的普遍应用这四个大的方面来简析国外的仿生研究现状。

萌芽阶段：以威廉·莫里斯为代表的仿生设计

随着现代工业的发展，机器在改变世界各国人们的生活，同时人们与大自然的关系日益疏远，进而对大自然更加向往。于是，回归自然的设计需求引起了全球设计师的重视，设计师们将设计焦点转向宽广的自然界。

在英国工艺美术运动时期，有一个著名的设计口号："向自然学习"，这是英国著名艺术评论家、作家约翰·拉斯金（John Ruskin）提出来的，他认为："自然不只是形式的源泉，也是正确行为的行动指南，是适用于一切事物的判断标准。"拉斯金的观点强调要观察自然，理解自然，从大自然中获取设计灵感。英国现代设计的先驱威廉·莫里斯（William Morris，1834—1896）是拉斯金自然设计观的实践者。在莫里斯的设计中，植物、动物，尤其是卷草和花卉元素在设计中大量应用，他将这些自然形态进行归纳后重新按照不同的位置关系排列，并运用到墙纸、布料、挂毯、家具和书籍封面等的设计中，其图案设计既优雅又极富有生机和

装饰美感。如图1-4所示，这些自然纹样广泛用于各种设计，成为自然生命的符号和象征。莫里斯在设计中践行的自然主义，可以说是仿生设计在实践中的初级萌芽阶段。

图1-4　威廉·莫里斯 | 设计作品

①丁启明. 产品造型设计中的形态仿生研究 [D]. 合肥:合肥工业大学, 2007:8.

16

图1-5　新艺术运动 | 家具与首饰设计

仿生设计的开端：新艺术运动的有机风格

19世纪末开始的新艺术运动，在欧美产生和发展，形成了一场涉及范围广泛并有巨大影响力的"装饰艺术"运动。新艺术运动涉及十多个国家，影响了从家具到建筑，从产品设计到平面设计，从雕塑到绘画的一系列革新，在各艺术行业中掀起了一场自然风。新艺术运动倡导自然界中有机形态的生命张力在艺术作品中的体现。新艺术运动完全抛弃任何种类的传统装饰风格，装饰动机源于自然形态，将提炼概括后的自然元素大量使用在各类产品设计中。其强调直线在自然中不存在，强调完全的平面在自然中也是不存在的，因此在装饰中突出表现曲线、曲面和有机形态（如图1-5所示为新艺术运动的家具与首饰设计）。

新艺术运动中，法国的设计师赫克托·吉马德（Hector Guimard）设计了巴黎地铁系统的一系列出入口（如图1-6所示）。吉马德设计的地铁入口，充分运用自然主义的特点，地铁入口的栏杆和顶棚采用植物的藤蔓以及海贝的自然形态来设计，使得生硬呆板的地铁具有浓郁的

图1-6　赫克托·吉马德（Hector Guimard）| 巴黎地铁入口

自然味和灵动感。吉玛德深信大自然会给设计带来一种特殊的品质，比如他运用花草来设计仿生造型时，强调用抽象的线条及其变化和组合传达出自然内在生命张力的美感。他曾经说过："自然的巨著是我们灵感的源泉，而我们要在这部巨著中寻找出根本原则，限定它的内容，并按照人们的需求精心地运用它。"[1]

法国新艺术运动中的另外一位杰

① Gillian Naylor, "Hector Guimard-Romantic Rationalist?" in Hector Guimard, ed., David Dunster (London: Academy Editions, 1978), p.12.

图1-7　安东尼·高迪 | 巴特罗公寓

出的设计师鲁帕特·卡拉宾（Rupert Carabin），在设计上标新立异，用裸女的雕塑设计成桌子的腿，设计的凳子上也有裸女和猫的雕塑。这些都是形态仿生设计的经典案例。

西班牙设计大师安东尼·高迪（Antoni Gaudi）认为"自然就是美，美即是实用，实用即是自然的存在，自然即是实用的展现"。高迪也说过："艺术必须出自于大自然，因为大自然已为人们创造出最独特美丽的造型。"他认为大自然界都是曲线构成的，没有直线。他设计的巴塞罗那的巴特罗公寓和圣家族大教堂（如图1-7，图1-8所示），流动的曲线动感强烈。建筑内外，每个细节，包括家具、门窗，以及装饰部件，完全都是从植物、动物这些自然形态中提炼的有机形态，具有重大仿生学意义。巴特罗公寓的设计与其他建筑不同，其外墙为波浪状造型，完全颠覆传统建筑的外墙形式，加之在材料上采用绿色与蓝色陶片来做装饰，使建筑充满了梦幻、浪漫与神秘的感觉。萨尔瓦多·达利将巴特罗公寓的外墙形容为"一片宁静

图1-8　安东尼·高迪 | 圣家族教堂

的湖水"。

工艺美术运动和新艺术运动都以自然主义的风格开设计新鲜气息之先河，这也可以说是人类艺术文化史上师法自然的仿生设计艺术的开端。

图1-9　雷蒙·罗维 | 流线型火车头

图1-10　雷蒙·罗维 | 流线型可乐瓶

仿生设计的发展：流线型风格

　　20世纪30年代的流线型风格源于空气动力学实验，设计师们把对鸟、鱼等有机生物形态可以减少湍流和阻力的研究成果应用于产品的设计中，特别是在汽车和火车等交通工具上的设计运用较多。将流线型风格最初应用于交通工具的是设计师雷蒙·罗维（Raymond Loewy），图1-9是1934年他为宾夕法尼亚铁道公司设计的流线型火车头。此后这种风格也应用于其他工业产品的设计中，如图1-10所示是雷蒙·罗维设计的可口可乐容器。

　　赫勒尔（Orlo Heller）于1936年设计的订书机，其造型就以蚌壳形态为设计灵感，圆滑造型的壳体内包含了整个机械结构，在当时算是一件成功的仿生设计产品。人类不断地在大自然中去探索生命的本源并将其中的规律运用到生活中，但很少有人把这类仿生设计活动进行系统性研究。

　　20世纪60年代，第二次世界大战后的西方国家出现的新技术、新材料，成为仿生设计发展的基础。此外，现代主义一味追求功能设计所带来的冷漠，逐渐让人们产生厌恶，人们对有人情味的造型设计产生兴趣，于是具有生命原动力的有机形态设计就应运而生了。1960年9月在美国召开的首届仿生学会议，标志着仿生学正式诞生并逐渐发展成为一门独立的学科得以应用和推广。

　　科尼希（Koenig）是德国著名的科学家和波恩自然博物馆的馆长，他有句名言："自然是艺术之母。"卢吉·科拉尼（Luigi Colani）汲取这句话的真理，并作为自己设计的理念，他提出地球是圆的，人类胚胎也是圆的，大自然的一切是圆的，所以世界是圆的。科拉尼认为：这个世界上的任何东西都以曲线形存在，无论是从宏观还是微观来看，从本质或者表现来看，自然界都没有直线形态的物体，有柔性曲线的物体是人们所喜欢的。这一切证明了世界是圆的，这是自然的法则和规律[①]，他倡导设计的灵感要取自自

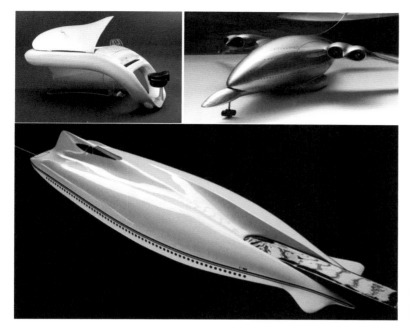

图1-11
卢吉·科拉尼 (Luigi Colani)
|仿生设计作品

然。科拉尼的作品具有空气动力学和仿生学的特征，大多体现在交通工具的设计中。科拉尼在仿生造型领域的探索是通过技术赋予产品生命，每一件作品都造型优雅，曲线流畅，气势恢宏，充分表达出产品的自然属性和生命属性。如图1-11所示为科拉尼设计的交通工具，其仿生造型的有机曲线和曲面给人很强的速度感。科拉尼坚信"自然是艺术之母"，他的仿生理念与大自然的巧妙融合具有一种特殊的魅力，这种魅力来源于人以自然为母为师的亲和关系，超越了人造物的意义，而赋予生物特有的生命价值，体现出人类智慧的伟大。以科拉尼为著名的钢琴制作商SCHIMMEL设计的新钢琴为例（见图1-11），其设计超越了传统钢琴独体造型，采用环状包合琴凳的整体设计，将钢琴与琴凳连成一体，使得演奏者与钢琴产生一种相互融合、密不可分的亲密感觉，从而使得演奏者体验到人机合二为一的美妙境界，这是科拉尼仿生造型设计能震撼人心的奥秘所在。他的设计不但是创作行为，也是一种诗意的表达，他将全部的灵魂都融入设计中，将他对自然和人性的理解诗情画意地表现出来，这是一般设计师所无法企及的。[2]

航天工程师冯达姆在观察研究鱼尾鳍的运动原理时，得到一个重大的发现：许多在海洋中高速长途游弋的动物，其尾鳍渐渐地变细成为新月形状。通过实验证明，这种新月形状特别有利于减少动物高速游弋时水对身体的阻力，冯达姆因此对新月形机翼阻力进行了计算，发现比常规机翼阻力减小近10%。[3]通过机翼由鱼尾鳍而改良的案例，证明仿生形态设计在产品造型创新设计和产品改良设计中有着不可替代的作用。

①贾祖莉.用曲线说话的人——科拉尼和他的作品[J].大众文艺，2011，09：110-111.

②田君.自然：源头与方向——卢吉·科拉尼的仿生设计[J].装饰，2013，04：35-40.

③Hill, Bernd. GoalConstruction Process [J].Setting Through Contradiction AnalysisCreativity and Innovation Management: 2005in the Bionics-Oriented1: 59-65.

仿生设计在国外汽车造型领域的普遍应用

汽车现已成为人们出行常用的工具，人们对于汽车的需求不仅仅停留在安全性上，对于美观性和舒适性的需求也在不断提高，尤其是外观造型，是人们选择汽车的重要因素。于是，设计师为了创造出更美观的汽车形态，以师法自然的方式去获得汽车造型的创新，学习和模仿动物的设计已经成为当今汽车造型领域的一大亮点。[①]国外的经典汽车仿生设计案例较多，故在此列表对其进行简要分析，从中可了解国外在形态仿生设计上的发展情况。如表1-1所示，在国外汽车造型设计中，设计师使用仿生设计方法进行创新设计已经非常普遍，设计出来的产品被赋予强烈的有机形态风格，这是现代工业文明与大自然巧妙结合的成果。

国外汽车仿生造型设计的经典案例　　　　　　　　　　　　　表1-1

名称	大众甲壳虫轿车	道奇蝰蛇赛车	福特Chia Focus
图例			
仿生特点	整个车身仿生造型源于七星瓢虫	前脸仿生蝰蛇，体现出车的凶猛，充满了攻击性	Chia Focus的进气口造型仿生大猩猩的鼻子

①汪久根，郡建辉.仿生机械结构设计[J].润滑与密封，2003，(7): 35-36.

续表

名称	奔驰SEC coupe	奔驰仿生概念车	帕加尼Huayra
图例			
仿生特点	车灯仿生蜜蜂的眼睛	车身仿生盒子鱼的流线型身材及其敏捷灵活的移动特点	仿生树叶形的后视镜设计可以获得更低的空气阻力系数
名称	美洲虎E-TYPE	比利时的国宝级超级跑车Gillet Vertigo	保时捷911 RS2.7
图例			
仿生特点	前脸仿生鱼头，排气口仿生鱼的大嘴形	前脸仿生鱼头，车灯仿生蜗牛的触角	尾翼仿生鸭子的尾巴

国外关于仿生设计的学术研究

20 世纪以来，研究和发展仿生学不断成为世界各国科学与技术发展的重大规划。首先，美国制定了关于材料、制造和军事装备的长期计划；德国特别重视在仿生材料、电子技术、纳米技术、生物传感器等新技术新材料领域的研究投入；在生物技术、先进制造、材料、高性能计算与通信计划等领域，仿生设计研究是俄罗斯、日本以及韩国等都有的中长期计划。这场仿生技术研究的全球性竞争已开始，各国都希望在新世纪的世界市场上占有主导地位。①

通过查阅国外文献，发现关于产品形态设计仿生研究的文献不多。1993 年 5 月 26 日，英国政府发表了科学大臣沃尔德格雷夫主持撰写的科技白皮书，题为《运用我们的潜力：科学、工程和技术战略》。澳大利亚学者詹尼斯·博克兰德（Janis Birkeland）在 2008 年提出了一种重要的观点——提供生态服务的正开发（Positive Development）。博克兰德认为，通过"提供生态服务的设计"（Designfor Eco-services），有可能再生或产生健康良好的生态系统，并能提供多样的生态产品与服务圈。博克兰德在 *Design for Sustainability* 一书中通过大量的实例说明了仿生学的应用情况尤其是工业设计中的应用情况，并认为可以将遗传算法引入到产品形态设计仿生中，② 设计中也有大量关于建筑的形态仿生设计的作品呈现。③博克兰德认为，采用"提供生态服务的设计"（Design for Eco-services），不但可以再生或产生良好的可持续化发展的生态系统，还能提供多样的生态产品与服务圈。

英国的艾伦·鲍尔斯（Alan Powers）在《自然设计》一书中也只是挖掘了自然对建筑、图案设计、时尚、工程、室内装饰、家用产品的影响。④2004 年威尔逊·金德林（Wilson Kindlein Junior）在《基于仿生学的产品设计方法研究》一文中首次将仿生方法分几个阶段来进行，并详细说明每个阶段所需要的技术和程序。威尔逊·金德林（Wilson Kindlein Junior）的仿生方法给从事产品仿生造型的设计师和研究人员提供了一个客观理性认识仿生逻辑，并有效利用仿生学成果的方法。

①
人民网：香山科学会议探讨"仿生学的科学意义与前沿". [EB/OL].2003-12-16.
http://www.people.com.cn/GB/keji/105612249107.html

②
Janis Birkeland. Design for Sustainability[M]. USA: Published in The UK and USA in by Earthsean Publication. 2008: 84-95.

③
Kate Fletchert Lynda Grose. Fashion and Sustainability: Design for Change[M]. LawrenceKing Publishers, 2011: 57-63.

④
Dormer Peter. 'The Meanings of Morden Design[M]. Lhanes and Hudson Lid, 2007

国内研究状况分析

我国仿生研究的概况

在我国远古时期，古人因"见飞蓬转，而知为车"（《淮南子》），"观落叶浮，因以为舟"（《世本》）。"飞蓬"草遇到大风吹起来，旋转如轮状，古人因此受到启发而发明了车轮和车子。古人以浮在水面上落叶，联想到让木头浮在水上以载人，就发明了船。从商周起，在日常用品的设计中，人们就采用了大量的仿生元素，当时的饮器、食具、灯具等很多都使用了生物形态。在此阶段人类的仿生是居于生存的基本需求，仿生的工具产品普遍比较简单、粗糙，属于仿生的初级创造阶段和起源，是现代人类得以发展的基础。随着社会的发展，我国将仿生学的方法广泛运用到产品设计、机械工程、动力学、材料学等领域的历史由来已久，只是近代才作为单独学科来研究。路甬祥、任露泉、童秉纲、崔尔杰等一大批科学家致力于仿生科学，在机械工程、动力学、航天事业等各行业做出了杰出贡献，即便中国的仿生科学道路起步并不领先，但目前也已具备一定的实力。[①]

我国的仿生学研究工作始于1964年前后。1962年建立的中国科学院华东自动化元件及仪表研究所；1975年12月前后中国科学院在北京主持召开了我国第一次仿生学座谈会；1977年的"全国自然科学学科规划会议"正式、全面地制定了我国的仿生学研究规划；1979年10月8日中国智能所正式成立，智能所重点发展仿生感知与智能科学技术、安全系统等重要领域；1992年吉林大学建立的地面机械仿生技术部门开放研究实验室；我国在2003年10月举办的香山科学会议，其中就包含"飞行和游动的生物力学与仿生技术"，2003年12月11日至13日召开了题为《仿生学的科学意义与前沿》的第220次学术讨论会。路甬祥院士和杜家纬研究员分别作了题为"仿生学的意义与发展"和"21世纪仿生学对我国高新技术产业的影响"的主题评述报告。会议提出了"仿生科学与技术"系统性基础研究的方向和优先发展的前沿领域及基本发展战略。[②]此后，路甬祥院士又发表了著名文章《仿生学的意义与发展》，提出了现代仿生学关于分子生物学和系统生物学等仿生领域的前沿课题。

从20世纪90年代后期开始到21世纪的今天，科拉尼与中国开始了亲密接触，在这个工业设计并不发达的国度，双方在设计台作、教育科研、文化交流等方面都迈出了跨世纪的一步。[③]从1995年起，科拉尼为上海设计上海牌轿车，为上海广

①徐玉琴. 基于仿生设计的产品基础形态研究 [D]. 南京林业大学，2009: 4.

②山仑，黄占斌，张岁岐. 节水农业. [M]北京：清华大学出版社 2000: 12-13.

③霍郁华，戴军杰，董朝晖. 我的世界是圆的 [M]. 北京：航空工业出版社，2005: 9.

电集团设计电视机，设计的"海鸥"DF-5000型相机还进入了德国市场，同时还为中国洗水槽、圆珠笔等产品进行了设计。科拉尼基于他的人居环境思想和仿生设计理念，为崇明岛做了气度恢宏的"未来城市"综合体设计。随后，科拉尼频频在北京、深圳、上海等地讲学交流，准备在中国出版介绍他的作品和思想的书籍并筹备他的作品展。科拉尼对中国的情感与日俱增，他的设计生涯也逐步开始与中国融为一体。

我国非常重视仿生感知与智能系统的研究。中国智能所是中国科学院合肥物质科学研究院的重要研究单元之一，科研学科重点为仿生感知与智能系统，设置有8个研究单元和2个机关管理处室，承办中国自动化学会核心学术期刊《模式识别与人工智能》。中国智能的仿生中心由3个实验室组成：仿生MEMS与厚膜传感器实验室；机器人传感器与人机交互实验室；仿生视觉与控制实验室。

2010年11月正式成立国际仿生工程学会，由吉林大学长期从事仿生科学与工程研究的任露泉院士任国际仿生工程学会常务副主席。经教育部与中国科协、民政部、外交部、科技部会商同意后，报经国务院批准，学会秘书处常设在中国长春吉林大学，是目前在中国教育部所属高校中唯一设立秘书处的国际学术组织。学会宗旨是增进各国仿生学者之间的学术交流与合作，推动仿生工程领域科学研究的发展，提升仿生工程人才的培养教育水平。这也表明我国对仿生学发展越来越重视。

国内高校研究现状分析

国内院校已有同类仿生设计课题的研究，如清华大学美术学院、中国美术学院、江南大学、南京艺术学院、上海同济大学等高校。1995年，上海同济大学聘请科拉尼于担任名誉教授，以此提升仿生设计在国内的设计水平。在2000年前后，柳冠中教授在全国各地方高校讲学中，强调仿生设计在工业机械设计中的运用。目前，国内高校中从事仿生设计教学、实践、研究的人逐年增加。据不完全统计，国内高校硕博研究论文与"仿生"相关的文章4965篇，与"形态仿生研究"相关的文献有424篇，与"形态仿生设计方法"相关的论文有111篇，有关"仿生"的文献有28737篇，如表1-2所示。与"仿生"相关专著、编著有132部，"仿生设计"相关专著、编著有21部，如表1-3所示。

笔者通过中国知网，重点搜索了142篇直接与仿生相关的学术论文。一一阅读后，总体印象是国内以高校为主的产品仿生设计研究者在不断增加，虽然研究的方向和方法都各有特点，但存在不同程度的雷同，研究的亮点不多，尤其在形态仿生设计方面缺乏系统深入的研究。纵观国内有关仿生设计学术论文，有突出研究价值的主要有以下几篇：

国内高校仿生研究文献统计表　　　　　　　　　　　　表 1-2

关键词	仿生	仿生	形态仿生研究	形态仿生设计方法
文章形式及篇数	4965 篇硕博论文	28737 篇文献	424 篇文献	111 篇硕博论文

国内高校仿生研究专著统计表　　　　　　　　　　　　表 1-3

关键词	仿生	仿生设计	仿生设计
专著或编著	132 部	21 部	7 部（高校）

首先是 2005 年陆冀宁的《国外现代家具领域中的仿生设计规律研究》，文中对国内外仿生家具的发展历史和家具的不同类别进行了仔细的梳理，重点对国外家具按仿生设计学进行分类和列联研究，率先运用 SPSS 软件统计分析总结出家具仿生设计的应用规律，为现代家具仿生设计和产品仿生设计都提供了重要的学术依据。

其次是 2006 年张祥泉的《产品形态仿生设计中的生物形态简化研究》，文中根据视知觉及认知相关理论，对产品形态仿生设计中的生物形态简化的方法与程序进行系统分析，在此基础上结合生物形态的特点，归纳出心理简化和物理简化两种简化的规律，并对形态仿生简化包括拓扑关系、结构性质及量度等方面进行了深入研究，为现代形态仿生设计研究提供了切实可行的方法。

还有 2012 年郭南初的《产品形态仿生设计关键技术研究》，文中指出了当前形态仿生设计研究存在的问题，提出了理想的形态仿生设计模型、产品形态仿生设计综合模型和流程；将形态仿生设计与逆向工程有机地结合起来，通过洗衣机的逆向设计，形成了形态仿生模型曲面重构方法；解决了形态仿生设计过程中的逆向工程问题和设计中自由曲面的连与合，在基于遗传算法的数字化产品形态设计中提出了数字化产品形态仿生设计构想；给出了基于智能推理技术的产品形态仿生设计流程；最后还提出了基于进化神经网络和粒子群优化算法的产品形态仿生设计流程。

国内高校从产品设计角度出发的仿生设计专著或编著较少，目前统计仅有以下 7 部，如表 1-4 所示。

1. 国内最早关于仿生造型设计的编著是在 2005 年 7 月，由江南大学的于帆和陈嬿编著的《仿生造型设计》，此书从教学的角度，将仿生设计理论和设计实践相结合，比较系统地对仿生造型设计做了分析和阐述。

2. 2009 年 3 月，由清华大学美术学院的金剑平著的《数理·仿生造型设计与方法》，从数理的基本知识、自然中的数理形态、比例尺度和形式数理的解读到数理造型方法，较为仔细地从几何学角度阐述了仿生造型的方法。

3. 2010 年 7 月，由江苏大学艺术学院的孙宁娜，董佳丽主编的《仿生设计》，明显在于帆和陈嬿的《仿生造型设计》的基础上增加了大量的国内外经典仿生设计案例，并提出了较为完整的仿生设计方法与程序。

4. 2013 年 6 月，蔡江宇，王金玲编

著的《仿生设计研究》，紧密结合时代发展，具有一定的前瞻性，理清了仿生学和仿生设计的关系，分析了仿生设计学的要素和特征，阐述了其在当代社会的价值和未来进步的方向。全书共分六章，分别为仿生学概念研究、仿生设计概念研究、仿生设计理论研究、仿生设计类型分类、仿生设计教学研究和仿生设计个案研究。

5. 2014 年 5 月，孙宁娜与张凯合作，主编了新的《仿生设计》，较上一本与董佳丽主编的《仿生设计》更加细化产品仿生设计的应用，并增加了产品仿生设计的形态设计方法。

6. 2016 年 1 月，由西南交通大学的徐伯初和陆冀宁主编的《仿生设计概论》，追溯了仿生设计的起源和历程，分析了仿生设计的各种类型及其特点，总结了仿生设计的设计程序和方法，并分章节介绍了不同形式的仿生设计的原理、方法、特点，书中以大量的仿生设计实践案例来引导读者掌握仿生设计方法，普及仿生学和仿生设计思想，科学系统地剖析和诠释了仿生设计的奥秘。

7. 2016 年 9 月，由中国科学院院士、

国内艺术院校仿生设计研究专著统计表　　　　　　　表 1-4

书名	《仿生造型设计》	《数理·仿生造型设计与方法》	《仿生设计》	《仿生设计研究》
作者	于帆 陈嬿	金剑平	孙宁娜 董佳丽	蔡江宇 王金玲
院校	江南大学	清华大学 美术学院	江苏大学 艺术学院	广州华南师范大学 美术学院
时间	2005 年 7 月	2009 年 3 月	2010 年 7 月	2013 年 6 月

书名	《仿生设计》	《仿生设计概论》	《仿生学导论》
作者	孙宁娜 张凯	徐伯初 陆冀宁	任露泉 梁云虹
院校	江苏大学 艺术学院	西南交通大学建筑与 设计学院	吉林大学
时间	2014 年 5 月	2016 年 1 月	2016 年 9 月

吉林大学任露泉教授与吉林大学梁云虹教授撰写的专著《仿生学导论》，从宏观的角度，系统介绍和阐述仿生学内涵的演进、仿生学基础理论基本原则和主要方法与技术，并通过多方面的大量比照分析阐述了生物是人类之师，人类是万物之灵，人类一定要向生物学习，也一定能学好这一仿生学本源问题。

仿生设计的概念及类型

The concept and type of bionic design

2

仿生设计的概念

图2-1　浓郁自然气息的仿生设计产品

仿生设计（Bionics Design）就是模拟大自然及生物系统的结构、功能、形态、色彩等信息，进行创造性设计的方法，简单地讲仿生设计就是模仿自然和生物的各种特性或受自然和生物的启发而进行的广义设计。[①]仿生设计的实质是设计学在仿生学中吸收了大量的精华和养分，并将从自然生物中提炼出的生命本质特征，运用到人类的一切创造性活动中。

依据仿生学应用方式的不同，仿生设计主要研究产品的形态仿生、功能仿生、结构仿生、色彩仿生、肌理仿生等方面的内容，其应用的范围涉及到电子仿生、机械仿生、医学仿生、建筑仿生、农业仿生等诸多领域。在仿生学和设计学的基础上发展起来的仿生设计学，强调设计师从大自然获取创新的设计灵感，解决了人们所面临的很多问题，既具有创新价值，又具有科学性和艺术性，符合人们时代发展需求。

随着人类对自然探索深度和科技技术的提升，仿生设计的发展经过了萌芽、初级、中级、高级阶段，仿生设计已成为现代工业设计领域里最重要的创新方法之一。在未来，仿生设计的发展会愈来愈系统化、科技化、人性化。将一些新的方法、思维和新的创意结合仿生学应用到设计中去，使人们的生活方式发生变化，得到仿生设计所带来的实惠。仿生设计正在逐步地成为人类生活不可取代的重要设计形式，是人类学习自然，了解自然的成果体现。如图2-1所示，越来越多的充满浓郁自然气息的仿生设计产品正走进人们的生活。

①于秀欣．论仿生设计的原创性方法在现代创新设计中的应用[J]．艺术百家，2006，02：93-95．

仿生设计的起源

早期人类的"仿生"杰作   表2-1

西班牙北部阿尔塔米拉洞穴壁画	半坡彩陶的鱼形纹陶罐	石器时代斧状工具	石器时代的尖状器、刮削器	周口店龙骨山山顶洞出土的骨针	因纽特人用象牙和驯鹿骨打磨成的飞镖
图1	图2	图3	图4	图5	图6

自人类发明创造工具以来，模仿大自然，是人类为了基本的生存而表现出的本能意识和行为。多年以来，人类在力学、结构、材料、工艺、造型、美学等领域的探索与成果，都源自于对大自然的认识和学习。大自然是养育人类生命的第二个母亲，清新的空气、新鲜的食物、美丽的自然环境等都是大自然无私的奉献。同时，创造发明的灵感和源泉也是大自然无偿提供。毋庸置疑，大自然是人类最古老且弥久不衰的老师。从远古到现在，人类在模仿探究大自然的同时，创造积累了无穷尽的宝贵科学知识和伟大的人类文明文化，并不断受益于人类。由此得出，师法自然是人类存在的基本生活方式。人类模仿自然也是艺术产生的源头，古希腊哲学家德谟克利特（Democritus）就认为艺术产生于对飞禽走兽的模仿。人类在很多动物面前都是学生，比如，织布和缝补是从蜘蛛那里学到的，累积石块造房是从燕子那里学习的，唱歌是受鸟儿的叫声启发而创造的。[1]人类模仿大自然的活动，成了人类寻求生存的重要手段。从原始人类的旧石器时期造物活动中，反映出人类对自然仿生的实用价值。西班牙北部的阿尔塔米拉洞是西班牙的史前艺术遗迹，洞内刻画原始人熟悉的动物形象，是人类描摹大自然的初始，也是艺术的原生时期。半坡彩陶的鱼形纹，呈现出人类对自然形态美追求的新阶段（如表2-1中的图2）。在石器时代，人类用于生产的石器工具发展，由原始的石斧发展到功能细化的尖状器、刮削器等（如表2-1中的图4）。人类最常用由棍子和石头制成的斧子等工具，是对动物的角与爪牙的直接性功能模仿；模仿鱼刺做的骨针；模仿树叶的形态而造的木舟；模仿动物的牙齿而做成飞镖（如表2-1中的图6）。诸如此类的简单仿生艺术形式很多，是劳动人民师法自然的智慧成果，是我们今天仿生设计起源与发展的基础。

①孟庆枢主编. 西方文论选（上卷）[M]. 北京：高等教育出版社，2002：4-5.

仿生设计的一般思维流程

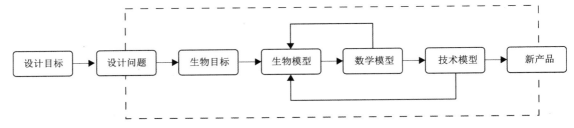

仿生设计在设计领域里应用时，有一个普遍性的思维流程，这个流程是依据人的心理和行为模式而形成的。格式塔心理学家研究这种心理和行为模式得出结论：人的心灵为获得有秩序的现实概念而进行的斗争中，会以一种逻辑性极强的方式从简到繁地去把握复杂的式样。[1]依据人的心理和行为特点，我们将设计师把握仿生设计造型思维流程进行整合，形成仿生设计的一般思维流程，将其概括后可分为以下五个层面（如图2-2所示）。

1. 依据设计目标提出设计问题。

2. 接着根据设计问题选择适合的仿生的生物体。

3. 紧接着由生物体的结构与功能提出生物模型。

4. 通过对生物模型的分析、综合、抽象，再将简化的仿生形态转化成数学模型。

5. 依据数学模型，结合生物对象，形成工程技术模型，将新产品进行批量的生产。

仿生设计的思维过程

仿生设计的思维过程，是设计师深入仿生设计的创意实践过程，如图2-3所示。产品的功能是设计的基础，结合设计需求，寻找合适的仿生生物以获取创意灵感，并整合后得出设计问题。接着围绕设计问题，将仿生生物原型以具象仿生或意向仿生方式，整体或局部进行形态简化，并结合认知心理学，符号学及视觉经验，设计出新的仿生形态，并建立生物模型，完成新的产品设计。在此过程中，设计师先对设计问题和生物原型由一般感知到深入理解，再借助设计经验来进行分析评价和熟悉，最后创造性地解决设计问题。

此思维过程呈现螺旋式上升发展，是先由"感性具体"的认知与理解，结合以往经验进行创造，在此过程中又回到设计"思维的具体"，最后完成由仿生生物

① （美）鲁道夫•阿恩海姆．艺术与视知觉[M]．滕守尧，朱疆源译．成都：四川人民出版社，1998: 引言7.

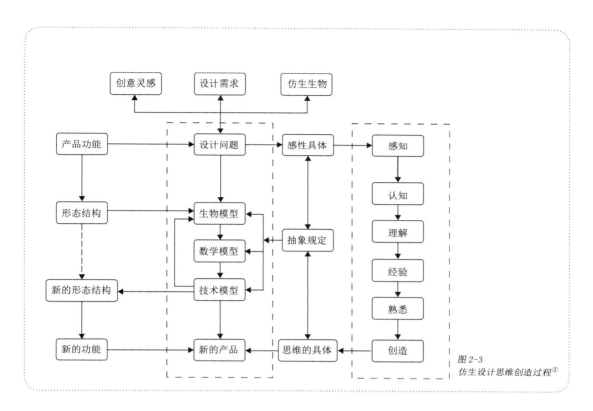

图2-3
仿生设计思维创造过程[①]

33

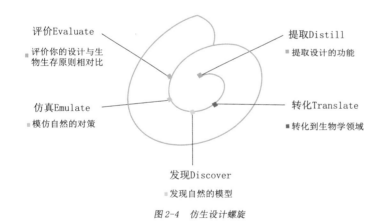

图2-4   仿生设计螺旋

产生设计灵感到完成产品创新设计的全过程（见图2-3）。当然，这个思维过程并非一成不变，具体实践中设计的思维会因具体情况而增减。

由詹妮·班纳斯（Janine Benyus）领导的仿生研究（The Biomimicry Institute）于2011年提出了仿生设计螺旋。[②]如图2-4所示，仿生设计螺旋模型中将设计过程分为提取、转化、发现、仿真和评价五个阶段。

仿生设计螺旋的初衷是为设计者提供一个思考模型，根据上图对仿生设计螺旋中的五个步骤说明如下：[③]

① 米宝山.仿生思维和新产品开发[A].柳冠中,中国工业设计协会十年优秀论文选[C].北京:中国轻工业出版社,1986: 276-283.

② ［美］Maggie Macnab.源于自然的设计:设计中的通用形式和原理[Design by Nature:Using Universal Forms and Principles in Design][M].樊旺斌,译.北京:机械工业出版社, 2012:209.

③ 李智健.从生物原型到仿生设计研究——医疗舱体在地震救灾中的应用[D].清华大学,2013: 12-13.

提取 (Distill)

设计师首先明确功能的应用范围，然后把工作重点放在分析自然生物的生命状态和生存方式上。这是从问题到设计方案的过程，先要锁定完成这个仿生设计产品具有什么样的功能，这里的功能是指宏观意义上的功能——实用功能、认知功能、审美功能，将产品的突出功能用精炼的设计术语表达出来，以确定仿生设计要解决的核心问题。用詹妮·班纳斯的话说就是不要问"你想要设计什么"，而是要问"你想要你的设计能做什么"。

转化（Translate）

从生物学角度去了解自然生物，可以是我们获取准确可靠的生物信息，从而对自然界有较为详细的了解，并且能够使设计师在神秘的生物奥秘中得出生物灵感，并抽象出设计需求，以准确找到与产品功能相吻合的仿生形态。

发现（Discover）

设计师要融入自然中去探索研究各种生物，详细地把发现的东西用文本、图片、影像进行记录整理，重点研究生物的生存应变能力，并将研究的成果内容进行归类整理。

仿真（Emulate）

仿真是指按照自然界的策略和方式，将第二步抽象出的设计需求以适当的形式进行应用，做出具体的产品来。在自然生物原型的基础上，设计师采用头脑风暴，发散思维等得出多个解决问题的方案，并逐一进行优化。最为重要的是设计师要把自己的创意设计方案与建立的自然模型进行类比分析，在以功能实现的前提下，尽量缩小设计与生物之间的距离，多呈现生物的自然生命属性，做出具体的产品来。

评价（Evaluate）

首先评价设计是否达到功能要求，其次评价设计是否体现生物的生命属性，再次从环境和发展的角度综合审视和评价设计是否合理，若有问题，提出相应的解决方案。

仿生设计的两种程序

　　设计师在仿生设计过程中，一般情况下是由设计目标及需求而得到设计问题，再由设计问题全面展开仿生设计。但是，当设计师受自然生物启发而获得生物灵感，往往会产生主观意愿的设计欲望，而形成特有的设计程序问题。

　　仿生设计的程序与方法很多，我们从设计师不同的出发点，结合珍妮·班纳斯（Janine Benyus）团队提出的仿生设计螺旋，将产品仿生设计的程序归纳成仿生设计螺旋模型。这个模型按照设计过程分为从生物到设计和从问题到生物学这两种过程类型，分别如图 2-5、图 2-6 所示。①这两种仿生设计程序都是对自然生物优化，完成创新设计的过程，主要工作都是围绕设计问题和设计实施两个阶段展开。

　　（1）从生物学到设计的仿生设计

　　从生物学到设计的仿生设计螺旋模型中将过程分为发现、抽象、头脑风暴、仿真、评价五个阶段，这是基于仿生生物对象到产品概念的仿生设计。

　　（2）从挑战到生物学的仿生设计

　　这里的挑战指的是在设计的过程中，设计师直接对仿生产品的功能进行定义，然后从自然界中寻找实现产品功能的解决方案，整个过程难度较大，具有挑战性。

　　从挑战到生物学的仿生设计螺旋模型将设计过程分为确定、定义、生物化、发现、抽象、仿真、评价 7 个阶段。这个方式是从目标产品出发，结合设计问题再融入自然生物最后到设计方案的过程。

1. 发现
自然界中的原型
2. 抽象
设计原理
3. 头脑风暴
潜在的应用
4. 仿真
自然的策略
5. 评价
对比生物的原理

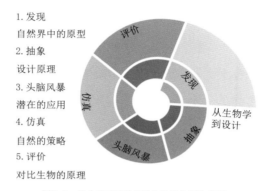

图 2-5　从生物学到设计的仿生设计螺旋模型

1. 确定
功能
2. 定义
情境
3. 生物化
挑战
4. 发现
自然界中
的原型
5. 抽象
设计原理
6. 仿真
自然的策略
7. 评价
对比生物的原理

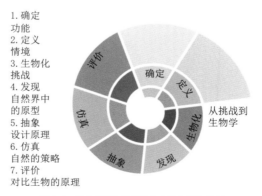

图 2-6　从挑战到生物学的仿生设计螺旋模型

① Terri Peters. Nature as Measure: the BiomimicryGuild [J]. Architectural Design. 2011, 81(6): 44-47.

仿生设计的类型分析

　　自然界将无穷信息传递给设计师，启迪了设计师的智慧，赐予了设计师无穷的创意灵感。"绿色、生态、环保、系统化"的设计思想是当下设计界在尊重与呵护大自然的意识形态下形成的。据仿生设计所涵盖知识的广泛性和跨学科性特点，仿生设计可以定义为是一个庞大的科学系统工程。产品仿生设计根据仿生设计对象特征的不同分为 "形态仿生""功能仿生""结构仿生""色彩仿生""材料仿生"；根据视觉认知度可分为"具象仿生""抽象仿生""意象仿生"。 本书中主要研究的是产品造型设计中形态仿生。如表 2-2 所示。

仿生的类型　　　　　　　　　　　　　　　　　　　　　表 2-2

名称	分类方式	仿生类型	仿生特点
仿生的类型	模仿对象特征	形态仿生	通过观察、探寻、归纳、分析、研究并按照一定的设计程序，完成产品造型设计
		功能仿生	以生物体和自然界物质存在的功能原理去改进现有产品或建造新的技术系统
		结构仿生	注重生物结构的内在原理，不要停留在其外部表现
		色彩仿生	探索，发现，归纳，总结大自然和环境中的色彩规律并广泛应用在产品设计中
		材料仿生	从仿生对象的表面肌理中得到启发，设计师借鉴模拟其形态纹理和组织结构特征
	视觉认知度	具象仿生	接近模仿的自然对象，较为直观地呈现出仿生物的形态特征，要突出、概括的表现
		意象仿生	设计师将自己的思想与自然物和设计产品进行感知，联想，整合后所形成的心理意象
		抽象仿生	通过概括、抽象，从整体上反映事物独特的本质特征，所谓源于具象又超越于具象

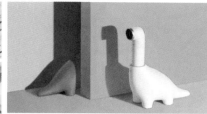

图 2-7　现代趣味性仿生产品设计

形态类仿生设计

形态类仿生设计，是研究世界客观存在的自然形态（如山川、日月、风云、光电、草木、人、动物、微生物等）和人工形态（如建筑物、汽车、轮船、桌椅、服装及雕塑等）的外在形式及其象征寓意。形态仿生源于自然界和生物界的真实形态，设计师通过观察、探寻、归纳、分析、研究这些线索，并按照一定的设计程序，完成产品造型设计实践。形态仿生设计是产品造型设计中最常用和最重要的设计方法，仿生产品在生活中深受人们的喜爱。在日常用品和家具中我们可以看到大量以自然形态为原形而创意的产品，如图 2-7 所示。

图 2-8 中的婴儿褓裸产品设计，亲

图 2-8　婴儿褓裸产品设计

切可爱、自然、有趣，充满人性关爱，特别是产品既对婴儿柔软的躯体可以起到支撑作用，又可以保护孩子的颈部和腰部。

例如，在防爆设备的设计中，利用

图2-9　防暴鞋的仿生设计

图2-10　富于自然气息和人性化的设计

① Emily Pilloton. Design Revolution: 100 Products that Empower People[M]. Metropolis Books. 200Page 109.

蜘蛛的生物形态特征而设计的蜘蛛防暴鞋，可减轻排雷工作人员因爆炸受到的损伤。如图2-9所示，蜘蛛防暴鞋的设计巧妙之处是仿生蜘蛛的脚，将脚的水平面提升，高于爆炸点，以缓冲爆炸产生的冲击波，减轻对人体的损伤力度，这有别于传统防暴鞋被动吸收爆炸能量。①

再如，椅是人们日常生活中不可缺少的家具，在保证支撑人体的基本功能的前提下，设计师运用形态仿生，让椅子的造型千变万化，并富于强烈的自然气息和人性化（如图2-10所示）。

功能类仿生设计

图2-11　蜻蜓翅膀的翅痣与飞机机翼

　　功能是产品具备的基本功效和能力，是设计追求的首要目标。大自然生物系统中与生俱来就有无数优异的功能特点，设计师从这个无比庞大的资源库里去寻求设计的灵感，通过现代仿生技术的模拟，将其优质的性能运用到各类产品设计中，给人们的生活与工作带来高效与便捷。例如：模仿人类大脑的存储功能及计算功能而设计的计算机，乃至由计算机发展设计的智能机器人，来代替人类工作，大大减轻了人的劳动强度，提高了劳动效率。

　　自然界的各种生物经过数亿万年的进化，优化出了多种功能与特征，并与其生存环境具有高度的协调性和适应性，人类利用这类生物的功能与原理，能够极大地降低创新的成本。比如，飞机的机翼在高速飞行时会发生颤振，严重的时候会导致机翼断裂，这曾经是航空飞行领域中一大难题。后来人们在对蜻蜓飞行观察与研究的过程中发现，蜻蜓翅膀的末端前缘都有一个加厚的色斑——翅痣，于是人们就将蜻蜓翅痣的功能原理应用到飞机上，轻松地解决了飞机在飞行中因颤振而导致机翼断裂的难题（如图2-11所示）。"如果人们能早一点向昆虫借用这种有效的抗颤振办法，就可以避免长期的探索和人力的牺牲"。[①] 由此可见，研究大自然的客观规律，可以解决人类难以解决的问题。功能仿生潜力巨大，仔细研究自然界的动植物，可以帮助设计师和工程师节约宝贵的时间和精力，创造更多更好的产品，造福人类。

　　在大自然生物系统共同进化的基础上，形成了功能仿生设计的思维方法。由于仿生学在功能原理和技术方面不断地模仿生物的功能，这使得生物学与工程技术、设计学、材料学、建筑学等学科之间架起了一座座桥梁，极大地促进了科学与艺术的共同发展。

① 王书荣.自然的启示[M].上海：上海科学技术出版社，1978.

结构类仿生设计

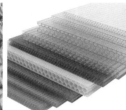

图 2-12　蜂巢及其结构应用

结构类仿生设计：设计师依据自然生物由内而外的整体与部分的构造组织关系，不断地总结其中的构成规律，并应用到产品创新设计中。在进行结构仿生研究时，要准确把握结构和功能、环境之间的关系，重点研究生物结构的内在原理，不要停留在其外部表现；要注重仿生对象和产品两者之间的结构对应的合理性。在产品结构类的仿生设计中研究与应用最多的是植物的茎、叶、花和动物形体、肌肉、骨骼及其产物的结构。这里的产物主要是指动物生存中的自然产品，比如蜜蜂的蜂巢、蚂蚁自己建造的洞穴等。结构仿生赋予产品以精巧合理的结构，更加完美传达产品功能，并且具有自然生命的意义与美感特征。

从古至今，人们在学习与模仿自然生物的组织方式与运行模式从未停止。四千多年前，我国古人正是受到了飞蓬草的启发，发明轮子的。19 世纪末，法国园艺家约琴夫·莫尼埃（1823—1906）在观察植物的根部时，发现土壤与植物的根系在一起，形成非常牢固的网状，于是，莫尼埃模仿土壤与植物根系的结构特点，在混凝土里面加上网状的钢丝而发明了钢筋混凝土。对于结构仿生，最为经典的是对蜂巢结构仿生应用。蜂巢由排列有序的六棱柱形蜂房组成，据近代数学家精确计算，菱形蜂房的菱形钝角为 109°28′；锐角为 70°32′；这样的结构，最节省材料，极坚固，且容量大。人们仿其构造用各种材料设计成蜂巢式板材，是高强度的轻质隔声、隔热的理想材料，被广泛地应用到建筑、航空等领域中（如图 2-12 所示）。

图2-13　蜂巢及其结构应用

　　运用蜂巢结构仿生，美国 Resilient 科技公司与威斯康星州立大学麦迪逊聚合物研究中心合作，研发了一种新型蜂巢式无充气轮胎，可用于各种恶劣地形，如图2-13所示。设计师研究自然界的各种薄壳结构，得到质地轻巧、曲度均匀、曲面负荷能力超强的结构，并将其应用到多种建筑和产品上。世界著名的悉尼歌剧院的外观为三组巨大的贝壳，贝壳形屋顶由2194块弯曲形混凝土预制件，并用钢缆拉紧组合而成。整个建筑体量庞大却有着轻快飘逸的音乐美感（如图2-14所示）。

图2-14　悉尼歌剧院

　　如图2-15所示，美国20世纪80年代的 B-2 隐形轰炸机，采用猫头鹰的身体构造特征而设计的轻而宽大的机翼，并在尾部设计采用了锯齿状边缘结构的消声技术。①

图2-15　模拟猫头鹰的美国80年代的 B-2 隐形轰炸机

①孙久荣,戴振东.仿生学的现状和未来[J].生物物理学报,2007,23(2):109-115.

色彩类仿生设计

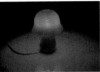

图2-16　Quarch Atelier 工作室设计的蘑菇灯
(Hoplow & Family) 色彩仿生的应用

图2-17　自然色彩中的最具魅力的补色对比

色彩类仿生设计主要是通过研究自然生物系统优异的色彩功能和形式而进行色彩感觉仿生，应用色彩信息交流、反馈等人机系统的模拟，有选择性地应用于人工色彩设计。[①]色彩类的仿生设计，就是把大自然和环境中的自然现象、花鸟虫兽、海洋生物所表现的色彩，通过仔细观察、发现、归纳、整理出色彩美的规律并广泛应用在平面设计、产品设计、环境设计作品中。自然界中生物的色彩按照一定的规律有序地排列，同时既对比又调和，呈现出令人惊艳的色彩搭配效果，是人类色彩创新的灵感源泉。如图2-17所示，云与天空的冷热对比，树林和山的橙黄与蓝紫相衬互补，海洋鱼类的色彩也是同样呈现橙色与蓝色的补色对比，大自然的色彩美轮美奂。

如图2-19所示，工业产品自行车的色彩与自然中红叶的红色相近，显然是人类对自然的模仿。

色彩类的仿生，要了解不同色彩的情感效应对人的心理和生理影响以及人的视觉经验与环境的关系。国际流行色委员会在每年推出一套流行色，设计师可参考后用在新品时装的设计上，并带动与服装相关的背包、手提、饰物、手表等产品的色彩变化。[②]

当人面对一款新的产品时，产品色彩相比产品形态更具有先声夺人的艺术效果。据有关的试验表明：人们在看物体时，最初20秒内，色彩的成分占80%；2分钟后，色彩占60%，形体占40%；5分钟后，色彩、形体各占50%，以后这种状态就将持续下去，由此可见，研究产品的色彩设计，有着

① 李亮之. 色彩设计 [J]. 北京：高等教育出版社，2006.

② 曹田泉、王可. 设计色彩 [M]. 上海：上海人民美术出版社，2005：94.

图2-18 Alessandro Martorelli设计的
豆荚冰格色彩仿生的应用

图2-19 自然色彩与工业色彩

重要的现实意义。①合理的色彩设计能提升产品的品质，能缓解减轻人们的心理压力，提高使用产品的安全性和效率，也体现出产品设计的人性化。如图2-18所示，由英国Suck UK工作室出品，设计师Alessandro Martorelli设计的豆荚冰格（Frozen Peas），同时可冻出3颗大号的球形冰块，除了造型上采用仿生之外，其色彩直接模仿豌豆角的嫩绿色，使产品瞬间充满了绿色清新味。又如图2-16的蘑菇灯（Hoplow & Family），是意大利Quarch Atelier工作室根据迪士尼动画片中蘑菇造型的角色Hoplow设计成的一款

蘑菇灯，由威尼斯手工业者吹制玻璃而做成。该产品有多种颜色可选，且可以根据心情变化灵活更换灯上的玻璃罩。其红色款色彩仿生自然界的红蘑菇色，它小巧可爱，给我们严肃、压抑的周围环境增添了轻松和活泼。

大自然客观就存在不同的色彩美学形式，山河湖海、日月星辰、花鱼鸟虫，大自然在春夏秋冬展现出千万种不同的色彩。设计师恰当地将这些色彩运用到产品设计，可以提高产品的视觉艺术魅力和识别度，进而提升产品的品质。

①许永生.论产品设计
中的人性化[J].装饰,
2008, 02: 133.

44

材料类仿生设计

图 2-20　鲨鱼皮的构造及其应用

材料仿生设计，主要对生物仿生对象的表面肌理进行充分的研究后，设计师借鉴和模拟其形态纹理和组织结构特征属性，并应用到材料科学技术领域而形成材料仿生学。材料仿生运用到设计中，使产品在具有基本实用功能的同时，再将产品表面材料美感和情感体验带给使用者，进而提高产品的设计品质与精神内涵。

人们在研究很多自然生物的肌理特征时，获得了不少启发和生物灵感。德国波昂大学植物学家威廉·巴特（Wilhelm Barthlott）等发现荷叶表面凹凸不平的乳状结构让水和灰尘无法粘连，加上特有的微细的植物蜡粒子，所以具有疏水排污功能，当水滴在叶面上滚动时，便会顺便带走叶上的尘土。这种自动清洁功能，可以保护叶子避免污垢堆积或受到微生物污染[1]。这项研究成果应用于汽车制造工业和建筑工程的外表油漆材料中，既节约水资源和人力，又减少化学洗涤剂的使用，具有环保节能的意义。荷叶等植物叶面的超疏水现象为我们在不同基底上制备仿生超疏水性能表面提供了实践基础[2]。

德国的古生物学家华夫·恩斯特瑞夫发现了角鲨鱼皮肤表面许多齿状突起鳞片（盾鳞）可以大大减少水流的阻力，使身体周围的水流更高效地流过。人们根据"盾鳞"这一特性发明了鲨鱼皮泳衣，如图 2-20 左及中所示。1996 年，科学家曾试着把 3M 公司生产的胶片黏在飞机身上，做出 700m² 的"仿盾鳞"实验。实验结果是飞机少用了 1.5% 的油耗量。后来人们将这种仿鲨鱼皮涂层材料用在风力发电的风扇上，可取代传统涂层，既不会增加风电机扇叶重量，又可让风力发电风扇更高效的运转，从而可以每年提高发电效率 5% 至 6%，并且可以减少噪声（如图 2-20 右所示）。

①［意］克劳迪欧·乔尔乔,［法］帕特里克·布琼等. 达·芬奇笔记的秘密[M]. 秦如蓁译. 重庆: 重庆出版社，2015: 125.

②郭志光，刘维民. 仿生超疏水性表面的研究进展[J]. 化学进展，2006，6：721-726.

具象类仿生设计

具象类的仿生设计是设计师对生物原型进行的特别的写实表现，使具象仿生后的形态有高度的视觉识别度和认知度，同时具有丰富的视觉效果。由于具象仿生设计的形态与生物原型之间的形态相似度较高，使用者可以很快识别出生物原型并解读形态的符号语意。因此，具象仿生设计具有很强的自然性、辨认性、趣味性、亲和性。

具象仿生设计多数直接师法自然，设计师主观意念较少，因此，我们看到的这类设计有强烈的自然原生味。在人类早期的仿生产品中都是采用这种具象仿生的手法。如图 2-21 所示，印第安人早期的动物仿生陶罐，具象仿生动物天然形象，充满浓郁的自然气息和可爱感。再如图 2-22，法国设计大师皮埃尔·波林（Pierre paulin）于 1967 年设计的"舌椅"更是成为 20 世纪 60 年代经典的波普艺术代表作品，也是属于具象仿生舌头的经典之作，柔软的舌头，瞬间拉近人与产品的亲近感。这款椅子采用玻璃纤维的构造，以金属为骨架，外面覆以弹性面料，并且带有 3 个防护脚，以防止磨损。

图 2-21　印第安人的仿生陶罐

图 2-22　皮埃尔·波林(Pierre paulin)设计的舌椅子

抽象类仿生设计

抽象仿生设计是指对生物原型的形态进行高度的概括、精炼，并优化提取出该生物身体的抽象特征，并进行适当的夸张、变形、分解及重组，使设计的仿生形态脱离原形的具象特征，但似乎又有原生物形态的影子。抽象仿生形态与表现的生物原型表面上没有明显的关联，但内在形态的客观关联性始终存在，抽象仿生的形态是生物原型的一种直觉符号，是人对具象原型的高度概括与认知。这种符号的形式，符号的功能和符号的意味全都融汇为一种经验，即融汇成一种对美的知觉和对意味的直觉。[①]

英国的洛斯·拉古路夫（Ross Lovegrove），其设计作品以未来主义和自然主义风格著称，是当代最具想象力的设计师之一。"我认为美广泛存在于有机的形态和流动性所产生的丰富视觉里，它们总是能强烈刺激到我们的内心深处，不同地域、不同文化的所有人都会与之产生共鸣，因为这触及了我们的本能。"他是达尔文理论的拥护者，并将所阐述的"有机本质"概念通过技术、材料和雕刻融合在感性的设计中，创造出具有舒适的流线形态，既打动人心而又充满未来科技感的

图2-23　洛斯·拉古路夫（Ross Lovegrove)设计的灯和

全新产品（如图2-23所示），洛斯·拉古路夫抽象仿生方式设计的"水星灯"和轮胎，充满了天地间的灵动和生命感。

①（美）苏珊·朗格. 艺术问题[M]. 滕守尧译. 北京：中国社会科学出版社，1983: 32.

图 2-24
意大利阿莱西(Alessi)公司
的作品

图 2-25
朗香教堂
勒·柯布西耶（Le Corbusier）

意象类仿生设计

意象仿生设计，是处于具象仿生与抽象仿生之间的仿生设计，即"似"与"不似"之间的仿生设计，是设计师运用象征、比喻等方式来呈现产品的特定内涵，是在具象仿生与抽象仿生之间的升华，是仿生设计的高级阶段。意象仿生往往将设计师个人的意念与想法融入生物原型，使设计的产品超越生物原型特征而蕴含思想、文化、历史背景等意义。

意象仿生的关键是找准自然物与产品之间的内在联系，从而达到"自然物——设计师——仿生产品"完全交融的境界，使产品的"形"与"意"完美结合，更好地表达出产品的特质。意大利阿莱西（Alessi）公司的作品（如图 2-24 所示），理查德·萨伯(Kichard Sapper)设计的鸟形哨子水壶和迈克尔·格雷夫斯（Michael Graves）设计的可发出美国"喷流机车"声响的茶壶，都有异曲同工之妙，两个设计作品都在具备烧开水功能的基础上，会意地发出美妙的提示声音，使单调功能的产品趣味化，寓意深长。

意象类的仿生其实是设计师将自己的思想与自然物、设计产品感知、联想，整合后所形成的心理意象。比如图 2-25 所示，现代主义大师勒·柯布西耶（Le Corbusier）设计的朗香教堂，这是一座令人印象深刻且异于常规的教堂，为众教徒冥思、反省和启示而设计。具有强烈视觉张力、威严感和神秘性，这座教堂是勒·柯布西耶的"纯粹的精神创作"，由于其造型的非同寻常以及形态语意上的不确定性，引发人们产生不同的联想和猜测，它既像一只鸽子，又像一艘轮船，还像一顶帽子。朗香教堂是抽象仿生设计发展到较高层次所出现的意象仿生设计，

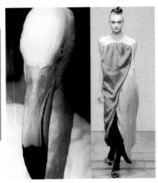

图2-26　色彩、形态仿生在时装中的综合应用

　　它是设计师有意识地在应用意象的外形来传达出特殊的思想和情感。

　　仿生设计的种类和方式很多，每个类别并非是独立性的，往往会相互交错，综合运用。如图2-26所示，3件不同的国际时装设计作品，既有色彩仿生运用，又有形态仿生，设计仿生使服装突破普通式样，并赋予服装生命的意义。

产品形态设计仿生的方法

the bionic method of Product form design

3

产品形态设计仿生的类型及方法

产品形态设计仿生存在的问题及应对办法

仿生形态与产品形态

仿生形态与产品形态

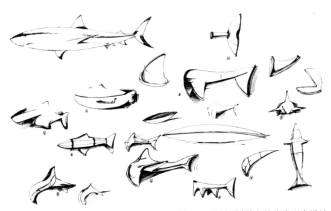

图 3-1　祁小祥 | 鲨鱼的仿生形态设计

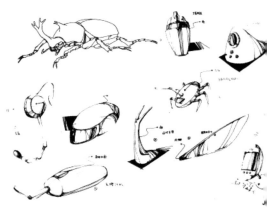

图 3-2　曹鹏 | 独角仙的仿生形态设计

仿生形态

　　仿生形态是设计师用高度抽象、概括的手法，将自然界生物形态的原生美感和生命态势简化提炼而成的有机形态。在对生物形态进行简化提炼时，可依据设计需求而对仿生对象进行整体抽象或局部抽象，提炼后的仿生形态还要经过优化后方能用于产品造型设计之中。笔者在高校担任形态设计课程已经 16 年，对于仿生形态设计的探索与研究也一直在进行。笔者认为，师法自然的仿生形态的研究，有助于设计师在产品造型中获得更多的创意灵感。如图 3-1，图 3-2 所示，是笔者的学生在形态设计课程中做的仿生形态练习。

　　通过仿生形态设计的练习与积累，可以帮助设计师既准确又敏锐提炼具有创新价值的仿生元素。

产品形态

　　产品形态是以艺术为表象，以人文为内涵的综合载体，是设计师设计理念的物化载体，是产品得以存在的物质基础。就一般意义而言，产品形态是功能的载体，那么从用户使用角度来说，产品形态就是产品与用户沟通、联系的媒介。产品通过其形态还可以向外传递产品所具有的语意，如产品的基本属性（是什么）、产品的功能属性（有用性）、产品的审美属性（美不美）等。产品形态经过设计师创意设计后，再由工厂采用相应的材料和技术并进行大批量的生产。

　　产品形态都具有某种特定的视觉特征和内涵，人们会对不同的产品获得生理方面的丰富体验，诸如通过视觉、听觉、触觉等感官获得的体验，也会因心理上的感受不同而产生不一样的反映。对于日常

图3-3　特定的视觉特征和内涵的仿生产品形态

用品，人们往往更喜爱选择具有人情味，趣味性的设计产品，如图3-3左图所示的阿莱西出品的魔法兔子牙签盒，设计中通过具象仿生，将小兔子活泼机灵的特点表达得酣畅淋漓，可爱的两只竖起的长耳朵，让人情不自禁地会去拎一把，将小兔子躲在高礼帽中的身子一起拔出，牙签就会随之像变魔术般地跳出来。又如图3-3右图所示的阿莱西出品的衣服挂钩，其造型就像一个拳击运动员，这种将人形简化成可爱造型的设计，使产品极富有人情味并给人美的享受。

在产品造型设计中，要赋予产品一种人情味，就要在产品形态设计上下功夫，仔细探索研究。对于形态上的创新，产品设计与绘画艺术在造型上有很大的区别，设计师在设计产品形态的过程中不仅要考虑美感，还要考虑产品与功能、产品与结构、产品与材料及产品与生产工艺

技术等多方面问题。因此，设计师的工作是在限制中的创造活动。

产品造型设计中的核心问题就是设计师如何设计才能够给人带来美的享受，而人的客观审美需求会因人而异。在一般情况下，人们对产品的基本功能不是特别关注，人们更多焦点放在产品漂亮时尚的外观上，如产品形态的简约性、色彩，及材料的舒适感等方面。如图3-4所示，这是意大利设计师亚历桑德罗·蒙蒂尼（Alessandro Mendini）的设计作品"安娜吉尔"启瓶器，仿生一个穿着漂亮裙摆并在微笑的女性，让产品注入趣味和温情。在使用该产品启瓶时，上下扭动双臂结构的样子与女性的优美舞姿相吻合，加上多种活泼鲜艳的色彩的运用，造就了产品具有独特的人情味与艺术魅力。"安娜吉尔"启瓶器的巧妙设计，也体现出意大利ALESSI追求艺术化、娱乐化、个性

产品形态设计仿生存在的问题及应对办法

图3-4　特定的视觉特征和内涵的产品形态

化、体验化、时尚化的品牌文化。因此，对于一个产品造型设计师，其工作重心是在产品形态的创新上。当然，产品形态创新并非简单停留在形态上，设计师还要花大量的时间去体验了解人们变化着的各种需求，以便设计出更加增添人们生活情趣的产品来。

在现代社会，产品形态设计仿生在产品造型设计中得以广泛应用，但在设计实践中由于各方面的原因，使得形态仿生设计在产品设计领域中存在着将"形态仿生设计"理解为"生物外形简单的模仿"，将"生物外形简单的模仿"等同于"形态仿生设计"的观点，这是仿生设计领域的一大误区。这种"仿生设计"常常出现在人们视野中，导致人们进入对形态仿生设计的认知误区：所谓工业设计中的"形态仿生设计"，就是对动植物外观形式的简单模仿。[①]产品造型中的形态仿生，不是单纯的生物外形模仿，设计师仅凭对生物外形的感性认知进行设计是远远不够的，必须将感性和理性相结合，运用设计的相关理论作为设计的基础。笔者认为：对于形态仿生设计，要解决"生物外形简单的模仿"这个问题,除了常规地将机械、材料、力学等多学科知识交叉相融外，还应将认知心理学、形式美学、产品语意学、仿生设计属性这4个方面的知识综合运用到形态仿生设计实践中去，这往往是设计师们忽略的地方。运用认知心理学，可以客观理性地认识生物形态的结构特征，找到生物与设计的产品之间的关联性，从而准确地获得仿生对象的设计元素；运用形式美学，可以将生物的原生美感通过仿生产品载体传达给人们，并使人们从中获得美的熏陶；运用产品语意学，可以将自然与人文在仿生产品中得以综合表达，以满足消费者的情感需求、文化诉求、心理需求；运用形态仿生的属性，可以合理处理自然、人、产品、环境、社会之间的关系，使人类创造的第二自然与第一自然和谐共生。

产品形态设计仿生
与认知心理

把人看成信息处理系统是认知心理学中的基本观点，认知心理学关于短时记忆中有三种编码：

> ① 听觉编码即声码
>
> ② 视觉编码即形码
>
> ③ 语意编码即意码

此类编码可以用声、形、意三种不同方式来概括。人的特有的信息处理系统是研究人的接受和输出外界信息的高级心理过程，主要是认知过程，如语言、注意、记忆、思维、逻辑、推理、知觉、学习等。

设计师对自然物认识和理解的程度是产品形态设计仿生的创意基础。形态仿生中会因模拟的对象不同产生不同的认知心理，这些认知心理的差异是因为人的性别、年龄、职业、教育程度的不同，所以，从认知心理学研究基础出发可有助于科学地进行产品仿生设计。

产品形态设计仿生的认知基础

对于认知心理学而言，产品形态设计仿生的实质就是设计师将生物原型优化后用视觉形态与各种造型符号综合编码，传达出产品的基本功能及特点，激发人以往的行为经验及相关联的想法，使人产生不同的感觉和知觉，达到引导人正确使用产品的目的。感觉与知觉是产品形态设计仿生认知的心理基础。

感觉

人的眼、耳、鼻、舌头、皮肤等感觉器官对外界事物刺激产生的反应就是感觉。感觉器官是脑的工具，脑通过感觉器官来反映外部世界。我们常说的"一切都靠感觉"，这是人认识事物的第一反应，是最为简单的认知形式。比如我们通过眼睛突然看到的奇异的或绝美的景色，会发出惊叹的反应，感觉非常刺激。还有我们在冬日里晒太阳，感觉特别的温暖。

人对客观事物认识的开始阶段就主要依靠感觉，它是认识的最简单形式。在仿生形态设计时对生物形态的感觉认知非常重要，尤其对生物生命感的认知。比如我们要通过研究猫头鹰的形态来做设计，首先要抓住猫头鹰超强视力的眼睛和锋锐敏捷的爪子的感觉，这是形态仿生的

①武文婷. 植物非形态仿生在工业设计中的应用研究[J]. 包装工程, 2008, 29(5)：128-130.

认知基础。

知觉

知觉是人对感觉经验进行加工处理，是认识、选择、组织并解释作用于人的感官刺激的过程，是人对作用于感觉器官的客观事物的各种属性和各种部分的整体反映，是感觉的升华。①

感觉是知觉产生的基本条件，没有对客观事物的感觉，就不可能会产生对客观事物的感知。知觉是感知的进一步深入和发展，人在对事物的知觉过程分为运动知觉、方位知觉、深度知觉、时间知觉。在形态仿生设计时，设计师运用多种知觉方式去捕捉生物形态的个别属性，若获得的生物属性信息越丰富，越细腻，则对生物取得的知觉信息就越准确和完整，从而有助于提炼出优质的仿生形态。

错觉

错觉是人脑感知客观事物时因客观因素干扰而形成的错误感知和判断。错觉的结果是与客观现实不相符。通常对事物的错觉主要体现在方向、运动、时间几个方面。对于仿生形态而言，其错觉主要与视错觉相关，反映在对生物形态的大小、长短、方圆、前后错觉以及形态的扭曲、平行、垂直错觉和明度错觉等。在产品形态设计中，合理运用错觉是可以设计出异

于常态的产品，而取得惊艳的视觉效果。

人对产品形态认知的规律是客观存在的，人对产品会产生规律性的主观反映，这些主观反映规律主要是主导性、连续性、接近性、相似性、封闭性。对于产品形态的心理效应，是在生理反应的基础上同时具有情感特征，会因为知觉主体的不同而不同。产品形态认知的心理效应主要有量感、力度感、时间感、动感、美感。

产品形态设计仿生的认知方法

准确认识大自然生物形态是产品形态设计仿生的基础，生物形态可分为常态和非常见状态，这是生物呈现出的两种基本客观物质状态，它们都与生物自身所生存的环境相适应，也会因环境的变化不断地调节自身的形态、结构、材料，甚至是生理及行为，以得到生存的机会。

常态是生物最为本真的外貌状态，是产品仿生设计的基础物质形态。生物形式的常态是人们生活环境中司空见惯的各种生物状态，包括一切自然形态；而非常见状态是生物体在特殊环境或外界条件作用下呈现出独特的状态。对仿生设计来说生物的常态是基于人民习惯性的认知，这类生物形态往往具有较强的亲和力和人情味儿，但由于太熟悉，对人们的吸引力大打折扣，因此应该关注生物非常态的形态与概念。认知非常态的生物形态，从以下 4 个方面入手的，可得到意想不

①张凯，周莹. 设计心理学 [M]. 湖南：湖南大学出版社，2010：036.

到的效果。

> 1. 从不同的视角去认知；
> 2. 从整体或部分构成关系去认知；
> 3. 从生物形态概念的微观与宏观去认知；
> 4. 从生物形态与概念的动态变化去认识。

我们在形态仿生设计时，无论对于生物的常态还是非常态的认知都要把握认知心理学的原理，找到生物与设计产品之间的关联性，从人的认知角度出发有助于准确地提炼出优质的生物设计元素。

产品形态设计仿生与形式美学

现代生活中，仿生产品的形态各异，都以各自特有的结构形式而存在。在社会科技文化高度发展下，人们更加青睐富于文化内涵和具有强烈的时代审美特征的产品。爱美之心，人皆有之，而美的仿生产品及所有的美的艺术形态都存在着共性美的规律，即形式美学规律。

形式美学

形式美学是人类智慧文明中对美的总结并提炼而成的形式规律与法则，是一切艺术造型的基础和最终呈现。高尔基认为，形式美是"一种能够影响情感和理智的形式，这种形式就是一种力量。"人类在一切创造劳动过程中产生不同的审美联想和想象，并在实践活动中不断积累和总结审美的经验，是经过了时间和实践的检验。因此我们可以将这些美的规律应用到产品设计中，把形态仿生设计产品美的形态及内涵传达给人们，并让人们从中获得美的熏陶和快乐。形式美学规律不是绝对独立的美学法则，它们之间是相互关联、互为因果的。比如节奏与韵律会同时存在于一切艺术形式中，即有节奏的地方必有韵律，有韵律的地方必有节奏。本文主要从以下 5 个方面进行形式美学的分析。

统一与变化

"统一"使人感到整体且和谐有序；"变化"突破常规常态，改变产品的单调乏味，消除视觉疲劳，增添趣味性和生动性。在产品形态设计仿生中，变化和统一原则需结合运用，如果单追求统一之美，会使产品形态显得刻板单调、缺乏生机；只有变化则易涣散无序、缺乏和谐[①]。

对比与调和

"对比"加强了产品形态的视觉变化，是由于产品的形、色、质、组织结构及排列方式等方面的反差而产生变化。

①贾卫.论形式美学原则在产品形态设计中的应用[J].北京：艺术与设计：理论，2015(6)：106-108.

55

"调和"则强调了产品各要素之间的共性因素，使产品形态间各要素相互融合、相互协调、趋向统一。如图 3-5 是法国设计师飞利浦·斯塔克 (Phillip Stark) 设计的榨汁器，强折后向下的三条硬朗的金属"细线状"腿与榨汁器"块状"中心主体形成强烈对比关系，凸显榨汁器核心特点，榨汁器球状主体上大下小的态势与三条腿协调一致向下，形成统一的下流趋势。整个形态塑性极强，似乎是一个刚健有力的运动健将。

对称与均衡

对称，主要以物体形态中心为轴，向左右、上下等方向对等发展。而均衡指以物体形态中心为轴，向左右、上下等方向不完全对等发展，是一种相对的对称，是视觉和心理上对形态的一种平衡感和稳定感。无论是对称还是均衡，都是追求一种稳定平衡的秩序。设计师在产品形态设计中，不要过于强调对称，否则而会产生呆板笨拙感；均衡因其具有的灵动性，会增添产品形态的生动性，但在设计中需注意要追求灵动性的度，过于追求产品形态的灵动感会导致失衡。如图 3-6 所示，法国设计大师皮埃尔·波林（Pierre paulin）设计的郁金香椅子和橙片椅子，对称中呈现出大自然的清新感，椅面和靠背的分块让椅子打破对称中的严肃感，在对称均衡中赋予椅子的生命感。

图 3-5

图 3-6

图 3-5 飞利浦·斯塔克（Phillip Stark）设计的的榨汁器
图 3-6 皮埃尔·波林(Pierre paulin)小郁金香椅和橙片椅子

比例与尺度

比例是物体自身形态在整体与局部，局部与局部之间，以及物体与其他物体在度量上的一种比率。比例是一种用几何语言和数比词汇来表现产品的形态特征的。尺度是指物体所呈现出的一种合理的尺寸数值。古希腊科学家们研究发现 1 ：0.618 这比例的形态是最能引起人美感的比例，故被称为黄金分割比例。黄金分割比例常用于产品设计之中。比例与尺度的美学原则的运用，通常使产品具有明确的秩序特性，给人一种雅致、清新的感觉。图 3-8 是美国设计师大师艾罗·沙里宁（Eero Saarinen，1910-1961 年）的郁金香椅（Tulip Side Chair），就很好地运用了这一规律。在座椅的正视图中，座面加椅背形成的正方形刚好与座面加椅腿形成的正方形相等，座椅基座上下弧线都符合椭圆黄金分割。艾罗·沙里宁的设计，消除了自己所认为的桌椅腿杂乱无序感。

节奏与韵律

节奏是指物体形态元素像音乐的声响一样有秩序性的连贯规律。韵律是使形态富于动感和变化的形式美。韵律是节奏的发展，节奏是韵律的基调，节奏的快慢变化会呈现出韵律，韵律发展快了会形成节奏。在形态仿生设计中，韵律和节奏不可分割。韵律在产品形态设计时，若变化中不能适度地把握韵律，就会平淡、乏味，只有将节奏与韵律统一运用，才能促成赏心悦目产品形态的产生。如图 3-7 中皮埃尔·波林（Pierre paulin）设计的软体沙发，起伏的曲面，节奏强烈的图案相互交融，产生高低起伏的层次变化，使整个产品形态呈现强烈的节奏美感和舒缓的韵律美感。

图 3-7

图 3-8

图 3-7　皮埃尔·波林(Pierre paulin)设计的软体沙发
图 3-8　郁金香椅(Tulip Side Chair)艾罗·沙里宁(Eero Saarinen)

图 3-9　雅则梅田的玫瑰椅

形态仿生设计中的形式美学

60

人对美的感受具有主观性，可是美的客观性很强，它的形成是由客观因素决定的，它在一定的时期、一定的地域内，具有共识性，是能够进行客观的衡量和评价的。[①]设计师在产品形态设计仿生时，正是运用形式美学的规律，结合产品的功能与生物形态语意，创意出美妙的产品来。法国的美学家拉罗认为，工业产品的美是多种要素的组合。产品抽象的形式美是可以通过产品的色彩、形态、肌理表现出来。产品的质感与表现效果所形成的材质感与肌理美，以及对材料的不同理解，设计师不同的思想、设计风格，共同形成了复杂的审美心理。如图 3-9 所示，日本当代著名设计师雅则梅田（Masanori Umeda）所设计的玫瑰椅就是直接以玫瑰花朵的常态造型为原型，在形式美学上采用对称造型，均衡中显出大方、自然；其中层层重叠的花瓣坐垫，充满了节奏感。

再如图 3-10 的丹麦阿兰·沙夫（Allan Scharff）设计的香水瓶。瓶体以

晶莹剔透的曲线表现出小鸟轻盈优雅的形态，透露出童话般的梦幻和神秘的产品特点。

在形态仿生设计实践中，形式美学法则也不是固定不变的，随着时代科技文化的进步，人们审美观念不断改变，形式美学也必然会发生相应的变化。

图 3-10　阿兰·沙夫的香水瓶

① 李锋，潘荣，陆广谱. 产品形态创意 [M]. 北京：中国建筑工业出版社：2010, 11: 39.

产品形态设计仿生
与产品语意学

产品语意学

　　20 世纪 80 年代研究语言意义的方法被运用到产品设计上而形成了产品语意学。它源自于德国乌尔姆设计学院的"符号运用研究"。产品语意学这个概念是在 1983 年由美国宾夕法尼亚大学教授克拉斯·克利本道夫（K1aus Krippendorff）和俄亥俄州立大学教授莱因哈特·布特（Reinhart Butter） 提出来的，并在 1984 美国工业设计师协会（IDSA）年会所举办的"产品语意学研讨会"中予以明确的定义：产品语意学，即研究产品在使用环境中的象征特性，并将其知识应用于工业设计。[1]这种象征包括心理学，文化性、社会性等象征环境的方面。对于产品语意学，我们可以理解为：产品作为一种符号，通过产品造型的设计及对符号形象系统的建立，让产品自己说话。

形态仿生设计的语意

　　设计师在进行产品形态设计仿生时，要通过所设计的仿生形态来表达产品的功能与内涵，并且准确传达产品信息，使产品与使用者在人机沟通上畅通无阻，达到设计的仿生产品让使用者一看就懂，一用就喜欢。对于产品语意学的正确理解将对产品形态设计仿生起到促进作用。对于形态仿生产品的语意，设计师首先要准确把握生物形态的美感，其次要深刻理解生物形态本身的语意，再结合产品功能和产品设计概念，设计语意明晰的仿生产品。

　　产品语意学理论，在形态仿生中的运用同样具有重要意义。仿生产品的语意具有双重性指涉意义（如表 3-1 所示）。

1. 形态仿生产品的外延语意（明示意）

　　借助仿生产品的形态元素所要表达使用上的目的——与其他产品的区别、所属的功能、所属的规格等，即仿生产品自身的物理属性，即形态仿生产品的外延语意。形态仿生的外延语意按内容的结构层次可分为：识别层（是什么）；功能层（有

61

①孙宁娜，张凯 仿生设计 [M]. 北京：电子工业出版社,2014: 46.

形态设计仿生的语意分析   表 3-1

语意类别	内容	表现形式	认知方式	分层
外延语意（明示意）	是什么、源于何种生物、如何使用、功能识别、使用目的、人机因素	形态元素、声音、影像、材质对比	视觉、触觉、听觉	1. 识别层：是什么 2. 功能层：有什么用 3. 使用层：如何用
内涵语意（蕴涵意）	身份、地位、文化、历史、社会性意义、感受、感觉、情感等	色彩、材质、造型、细节	感觉、情绪	1. 表层含义：情感联系 2. 中层含义：个性、功利、身份 3. 深层含义：文化历史

什么用）；使用层（如何用）。三个层次体现出形态仿生产品是什么东西，以及有什么功能和如何使用。

因为产品或物体的功能、属性、特征、结构间的有机关系都形象化地给人以感官上的导向，都通过形象性明示语意得以展现出来，所以对产品的使用者具有指示作用，并对使用者的视觉、触觉、听觉等器官起有机作用。[1]因此，人们在对产品的使用中会结合以往的生活经验而做出对产品操控的判断。外延语意有助于人们更好地了解和使用身边的各种产品。

2. 形态仿生产品的内涵语意（蕴涵意）

形态仿生产品的内涵语意指仿生产品造型中不能被直接表达的隐含关系，

诸如关乎于反映情感，述诸心灵的东西。形态仿生产品的内涵语意体现出仿生产品与使用者在使用过程中的心理感觉、情绪、社会性与文化性的象征意义。由于心理感觉、情绪、文化性的象征寓意的复杂性，决定了产品形态设计仿生的内涵语意比外延语意更为广泛。

形态仿生设计的内涵语意可细分为三层含义理解：传递情感联系的表层含义，传递个性、功利、身份相关的中层含义，传递文化历史的深层含义。这三种不同的内涵性意义在人的语意认知中是相互影响，相互关联。设计师借助艺术创意，对文化领域中的符号和意象进行取舍、提炼后，再融合到仿生设计中，赋予仿生设计产品一种意象美并蕴涵一定的精神意义，增加产品与人之间的思想互动。

①张凌浩．产品的语意［M］.北京：中国建筑工业出版社，2009，06：51.

图3-11　祥云火炬的文化语意分析

文化内涵语意分析表　　　　　　　　　　表3-2

仿生设计	形	意
产品设计	物质	文化
文化	物质财富	精神财富

以北京2008年奥运会的祥云火炬为例，如图3-11所示，火炬的造型文化仿生于自中国传统的纸卷轴。而纸是古代中国四大发明之一，经丝绸之路传到国外，传载着人类历史文化，而今作为奥运火炬的造型符号，也意指奥运精神像文化一样得以传播。火炬的色彩源于汉代的漆红色，寓意我国的历史久远，火炬上的祥云图案是古代汉族吉祥云纹，仿生自然界中云的形态，被赋予祥瑞的文化含义。整个火炬高雅华丽，蕴涵中华文化历史厚重的深层含义。祥云火炬通过"形"巧妙地传递了"意"，产品内涵语意重在"文化"。

文化，指的是人类在社会历史发展过程中所创造的物质财富和精神财富的总和。[①]而产品设计的出发点和归宿都是为了满足人们日益增长的物质和文化需求。[②]从这两个关于文化的理念中，我们发现文化、仿生产品设计和意象三者之间的契合点。如表3-2所示，在一定程度上，文化、仿生产品设计和意象三者是可以相融共生的。

在仿生设计中，通过生物形态将产品的外延意义和内涵意义传达出来，从而更好地将产品的使用功能、文化内涵、象征意义传递给使用者，使用者再依据其文

①胡宋云，周俊良.文化仿生　仿生设计的新领域[J].艺术教育，2007, 09.

②丁启明，韩春明.产品设计中的仿生设计[J].科技经济市场，2007, 01.

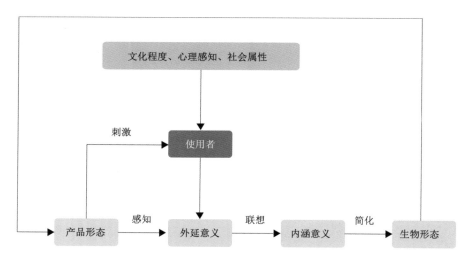

图 3-12 形态仿生设计的语意解读

化程度、心理感知、社会属性等去理解和使用仿生产品（如图 3-12 所示）。

中华上下五千年文化，中国设计师可利用文化仿生设计形式创造出具有新时代特征的"文化"产品，传承和发扬中国文化。例如，四川广汉三星堆出土的器物（如图 3-13 所示），大多是动物或人物仿生造型，蕴涵神秘的古蜀文化，对其研究并恰当地利用，可设计出代表四川乃至中国文化的现代产品。

当今大数据社会，工业发展已经进入到数字化阶段，以电子和计算机技术为依托的常规产品形态无法跟上人们对高科技带来的完美功能和愉悦使用的需求，人们在实现产品物质功能的同时，更多地关注产品的内涵。满足消费者的情感需求、文化诉求、心理需求，实现设计中的人性化，成为现代设计关注的重点。

图 3-13 三星堆为代表的中国古蜀文化

产品形态设计仿生的基本属性

仿生设计是在现代产品造型设计领域应用最多的设计方法之一，在相当长一段时间之内成为设计理念的主流。由于仿生设计是关注自然因素而发展起来的，因此对于生态环境有着极其重要的帮助和影响，大自然界的生命体生与死的循环都是良性的、平衡的、对环境友好的，这与绿色生态设计的理念相吻合。

属性是指事物所具有的本质特性，一个具体事物，总是有许许多多的性质与关系，我们把一个事物的性质与关系，叫做事物的属性。产品形态设计仿生的基本属性指形态仿生产品应该具有的基本性质，以及与其他产品、人、环境的相互关系。形态仿生设计关系到自然—人—产品—环境—社会系统，在这个复杂的系统，如图 3-14 所示，自然—人—产品—环境—社会系统相互关联，不可分割。人类自古以来以自然为师，人类的设计活动就是在创造第二自然，第二自然与第一自然之间必然密不可分。

对于产品形态设计仿生的基本属性，笔者总结五大属性，即：人性属性、动静属性、情感属性、自然属性、绿色属性。其中人性属性是首要的，设计是以人为本的创新活动，形态仿生设计更是如此。人性化的设计是人类文明进步的显著体现。故在仿生设计中要充分考虑人的情感因素，产品的易用性，增强文化因素在产品中的融入，注重仿生产品语意表达的准确性及相互影响（如图 3-15 所示）。

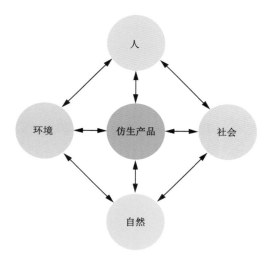

图 3-14　仿生产品与人、自然、环境、社会的系统

65

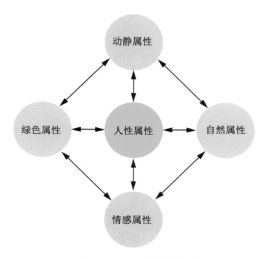

图 3-15　形态仿生的属性关系

产品形态设计仿生的人性属性

人性是人的社会性和自然性的统一，在创造"人—社会—自然"的和谐发展中，创造了崭新的生活方式和生存空间。所有这些，都体现了以"人为核心"的设计价值观。[①]

形态设计仿生源于自然，其最终目的是为了创造一个人与自然、人与产品、人与环境、人与人、人与社会之间的相互协调发展的生存环境。在这个庞大的生存系统中，其核心是人。在包豪斯的著名设计理念当中强调设计的目的是人而不是产品，设计必须遵循自然与客观的法则来进行，所以设计以人为本，尊重人性，遵循自然规律，又维护人的基本价值。另外随着仿生设计学的发展，结合现代科技和新材料成果，会使仿生产品向微型化、智能化、持久化发展。现代智能仿生机器人已经广泛用于工业大规模生产、农业、军事、教育、家庭生活等各个领域，如图3-16所示，智能机器人可代替人类做许多事情。2016年10月世界机器人大会在北京召开，大会邀请了世界机器人领域著名专家学者进行高水平学术交流，未来仿生智能机器人将为人类提供更人性的生活方式。

总的来说，形态仿生设计的人性属性，就是设计师要考虑以人为本的设计目的，结合人机工效学，使仿生产品具有人情味和亲和力，就是对人、对物、对环境的关爱设计。

图3-16 各式现代机器人

[①]赵晓巍. 冰箱的人性化设计研究[D]. 山东大学，2006：1.

66

产品形态设计仿生的动静属性

　　仿生设计的动静属性主要指的是仿生产品在生物生命的原动力作用下呈现出运动或静止的生命态势。生物生命的原动力体现，是仿生设计中重要的组成部分，也是仿生设计的重大意义所在，它是人类对生命敬畏的表现。通常情况下，我们依据生物的生命态势将仿生设计分为静态仿生和动态仿生。在仿生造型设计中，由于产品的功能在常态下不需要通过运动来表现，故多数仿生产品属于静态仿生。动态仿生相对于静态仿生而言，在表现形式上要复杂很多（如图3-17，图3-18所示）。

图3-17　静态仿生设计案例

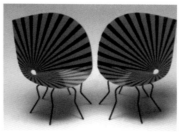

图3-18　动态仿生设计案例

产品形态设计仿生的自然属性

古中国与古埃及人类模仿自然的类比分析表　　　　表3-3

古中国的人与动物造型	佛教中人面鸟身神（西夏王陵出土）	人面鸟身玉像	人面鸟身（三星堆器物）	无论是我国早期人面鸟身、还是国外的狮首人身、人首狮身都是人类对自然崇拜、生命崇拜意识和"天人合一"、"师法自然"的生存理念；人类仿生于自然，与自然和谐共生是必然的
古埃及的人与动物造型	人首狮身像	人与鸟的塑像	狮首人身像	

形态仿生设计的自然属性实质指的是人类以自然为母为师的本质性质。形态仿生设计关系到自然—人—产品—环境—社会的系统，形态仿生设计对于生态设计有着极其重要的意义和作用，可促进人类生存环境向更加健康、环保、可持续化方向发展。生物存在于自然界中，而自然循环中都会经历生老病死的生命规律，在整个循环中呈现的姿态基本都是良性的、平衡的、对环境友好的。"物竞天择，适者生存"，这是自然界的物质形态与环境和谐共生相融的基本法则。中外早期人类的人面鸟身、狮首人身、人首狮身等"人心营构之象"（如表3-3所示），都是人类对大自然的崇拜和模仿。

古人不仅模仿动物而创造，也模仿大自然的植物而创新发明。传说锯子是战国时期的鲁班模仿草叶边缘的齿状而发明。有一次，鲁班进深山砍树木时被草叶边缘的锋利小齿划破了手，他还观察到大蝗虫的两个大板牙上也有很多小齿，能很快地磨碎叶片，于是鲁班就从这两件事上得到了启发，将铁片的边做成齿状而发明了锯子（如图3-19所示）。诸如此类源于大自然的发明创造，不胜枚举，这些发明案例证明了人们对自然生物的外在形态和功能的模仿。

因此，无论东方文明还是西方文明，人类认识自我、认识自然的过程中回归自然的潜在思想是必然的。"回归人性、回

图3-19 齿形边缘的叶子和锯片　　　　　　　　图3-20 印第安人的仿生餐具

69

图3-21 印第安人的仿生陶罐

归自然"已成为 21 世纪现代设计思想理念的重要组成部分，仿生设计作为现代设计的发展方向，更是体现现代设计自然与人性回归的代表。[①]

路易吉·科拉尼曾说："设计的基础应来自诞生于大自然的生命所呈现的真理之中"。人类师法自然的行为本身就具有环境友好性，符合现代生态设计的理念。比如在早期人类器物仿生造型中（如图 3-20 所示），印第安人早期的餐具手柄造型源于人的头或身体，而饮器陶罐多趋向于动物造型（如图 3-21 所示）。这也是人类对自然万物生灵的敬畏，不仅寓意深刻，而且以物寄情、充分地表达人类对自然美的追求，这与现代设计中追求人性化、情感化设计，回归自然设计的思想刚好一致。

①于帆. 仿生设计的理念与趋势[J]装饰，总第期 2013（240）：26.

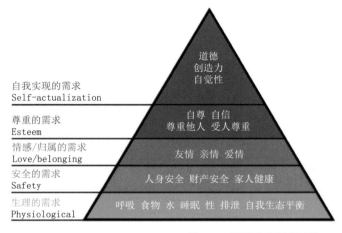

图3-22　马斯洛的需求层次理论

产品形态设计仿生的情感属性

　　情感是人对客观事物刺激所呈现的肯定或否定的心理回应，这种回应是依据人自身内心的需求而决定接受或排斥。人类自诞生以来，与自然就和谐共存着，但是随着工业化生产的发展以及城市的大规模建设之后，人类处于与自然近乎隔绝的生存状态。人类源于自然，渴望回归自然，融入自然，这是人类的一种基本的情感需求。美国心理学家亚伯拉罕·马斯洛（Abraham Harold Maslow）于1943年在《人类激励理论》一文中提出了人的五种需求层次理论，即：生理的需求、安全的需求、情感和归属的需求、尊重的需求、自我实现的需求（如图3-22所示）。人人都希望得到相互的关系和照顾。感情上的需要比生理上的需要来得细致，它和一个人的生理特性、经历、教育、宗教信仰都有关系。①

　　形态仿生设计的情感属性，主要是指人与仿生产品，以及与设计师和自然之间的信息解码。仿生设计不断得到越来越多人的喜欢，人们对设计产品的关注，从最初的注重形态的美观和功能的完善，到现在的注重产品的返璞归真和人性关爱，即：依据马斯洛的需求层次理论，人对仿生产品的基本功能满足后，会对产品有一种情感的需求，这种需求是潜在和自发的，这也是仿生产品的自然属性所致。仿生产品源于自然的启迪，充满了自然赋予的温情，给人以轻松，自在的感受。仿生产品与生俱来就富有自然的情怀，这也是它最能打动人，吸引人的地方。

　　所有艺术正因为有了情的融合才充满生机。因此对于任何设计艺术来说，也都是凝聚了设计师的情感和汗水，是设计师自身一种情感的寄托。②在仿生设计中，

①刘烨.马斯洛的人本哲学[M].呼和浩特：内蒙古文化出版社，2008.

②陈静．论仿生设计中的情感因素[J].现代装饰（理论），2012，03：48.

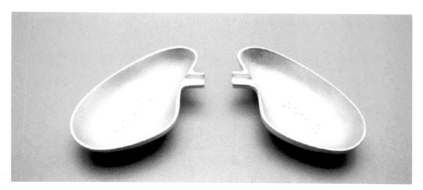

图 3-23　肺状烟灰缸

设计师探寻不同的生物形态，在创造过程中，融入了自己情感与思想，并通过产品形态传递这种情感与思想。形态仿生设计中体现了设计师与人、自然、生物、仿生产品之间的情感交流和信息传递，仿生产品作为情感和信息载体，它将设计师与自然、生物、仿生产品、人紧密相联在一起。所以仿生产品中的情感体验，对于设计师来说，他们设计产品的过程也是感情融入的过程，而对于使用人来说，是与产品的一种体验感应的过程，设计师和人都是以情感为基础在进行信息传递。

形态仿生设计的情感主要体现在三个层次上：第一个层次，仿生产品的形态直接作用于人的感官所产生的情感体验；第二个层次，由仿生产品形态引起联想事物而产生连带的情感；第三个层次，仿生产品的形态设计的象征性含义引发人相应的情感。[①]仿生产品设计融入情感后所具有的人情味、亲和性是当今设计的重要特点，赋予产品生命力，使产品充满人性的关爱。例如依据肺的形状设计的烟灰缸，在吸烟的人群使用时，可以起到提示吸烟行为导致对身体的伤害性，达到关爱人身体健康的目的（如图 3-23 所示）。

①熊杨婷，聂丹．产品形态仿生设计中的情感化设计体现 [J]．大众文艺，2012，9：124．

72

产品形态设计仿生的绿色属性

绿色设计（Green Design）也称生态设计（Ecological Design），环境设计（Design for Environment），环境意识设计（Environment Conscious Design）。绿色设计在形态仿生设计领域体现在仿生源于自然、回归自然，与自然环境和谐共生。将生态环境意识融入仿生设计，并形成其核心的绿色设计思想，创造新的生活方式和倡导环保节能的消费观念。绿色设计需要以更高的视野、更为理性的分析、更加密集的知识结构、更具人性关爱的心态、更有凝聚力的协同创新团队精神、更具社会责任的工作态度去面对设计对象，甚至将设计对象视为一个生命体去关心她的"前世、今生与来世"。[①]

产品形态设计仿生的绿色属性是指仿生产品在设计、生产、使用、回收过程中的节能、环保、可持续化。仿生产品源于自然，更具自然的特点，也更能传递绿色生态理念。因此，仿生产品承载的不仅仅是产品的基本功能，更重要的意义在于通过生物形态的语意，向人们传递节约资源和能源、保护生态环境、呵护大自然的绿色理念。仿生产品系统的绿色设计要求设计、生产、包装、运输、消费、废弃、回收处理等环节达到整体的"绿色化"。

形态仿生设计是源于生物在自然环境中的生命特性进行创意，以解决人们现实生活中遇到的难题。生物体经过大自然长久的选择，其能源利用效率大于人造设备，几乎不影响环境。从模仿对象上来说，仿生设计天然就具有绿色设计的特性。仿生设计与绿色设计，都是人类在地球上可持续幸福生存的方式，它们的终极理念都是人类基于对自身美好生活的想象而建立的，有极大的共通之处。[②]

总之，在形态仿生设计实践中，要解决"形态仿生设计"中存在的"生物外形简单的模仿"，要将以上认知心理学、形式美学、产品语意学、仿生设计属性这四个方面的知识综合运用到形态仿生设计实践中去，通过对生物素材进行仔细分析和研究，准确获取生物形态的形态美感和形态语意象征，找到生物与设计的产品之间的关联性，从而设计出优秀的仿生产品，为社会大众服务。

①王立端，吴菡晗．再论绿色设计[J]．生态经济，2013，10：192-199.

②陆冀宁，徐伯初，支锦亦．仿生设计中的绿色设计理念探讨[J]．生态经济（学术版），2014，02：279-283.

产品形态设计仿生的类型及方法

仿生对象类型及其特点   表 3-4

形态仿生类型	仿生的特点	仿生的特征	仿生的方法	仿生的案例
人物造型	完美的形态与尺度，曲面造型	形态比例尺度与动态功能	提炼归纳夸张整体或局部，抽象，具象与意象	
动物造型	具有生命原动力	肌肉骨骼形态与动态，色彩肌理和功能	提炼归纳夸张整体或局部，抽象，具象与意象	
植物造型	形态美结构美	花叶，果实色彩，肌理	提炼归纳夸张整体或局部，抽象，具象与意象	
景物造型	生态美环境美	整体形态结构色彩	提炼归纳夸张整体或局部，抽象，具象与意象	

产品形态设计仿生的类型

　　产品形态设计仿生的类型按仿生的对象可分为仿人物造型类、仿动物造型类、仿植物造型类、景物造型类四大类，除此之外，还有第二自然物的仿生，如建筑类、机器类以及生活用品的模仿[①]（如表 3-4 所示）。在设计实践中，应用最为广泛的是仿人物造型类、仿动物造型类和仿植物造型类。

　　产品形态设计仿生广泛应用在生活各个领域，主要分为：建筑仿生设计、服装仿生设计、包装仿生设计、产品仿生设计。形态仿生按照不同的标准又可细分，若按模仿对象的形态区域分，分为局部仿生和整体仿生；若从维度上，分为平面仿生和立体仿生；按模仿生物的生命态势分，分为动态仿生和静态仿生。

[①]代菊英. 产品设计中的仿生方法研究[D]. 南京航空航天大学，2007: 16-17.

仿生物点线状图示 表 3-5

生物界的点状物体			
生物界的线状物体			

仿生物面、体状图示 表 3-6

生物界的面状物体			
生物界体块状物体			

产品形态设计仿生的方法

自然界中的动物和植物的形态与结构都可以不断地适应环境，所以在自然生物界中寻找到的生物灵感，应用到产品形态创新中去是科学可行的。这种生物灵感是从大自然学习并找出解决办法，它引领未来科学界和艺术界的发展方向。对于产品造型设计而言，生物灵感的实质意义就是探索仿生形态，找到产品造型设计上可行的方法。

无论观察大自然的山还是各种生物，如果采用不同的观察角度或不同的观察方式，都会得到不同的形态感受，但所有的感知形态都有一个共同的形态规律，即所有的生物特征最终都是点、线、面、体四种基本造型元素的归纳。比如呈点状的鸟、果实；线状的树、芦苇；各种面状的叶子花卉；体块状的各种大型动物等（如表 3-5，表 3-6 所示）。

仿生形态的设计方法繁多，常见的有具象法、隐喻抽取法、简化优化法等。

图 3-24 琉璃景观艺术品

图 3-25 西班牙设计师 Maximo Riera 动物系列皮椅

具象法

具象再现法是设计师对自然形态的整体或局部进行直接模仿再现的形态仿生法。具象再现法的生物对象,一般都具有超强的自然魅力,这就像漂亮的人,举手投足,都魅力四射。如图 3-24 所示,这是以具象再现法做的琉璃景观艺术品,设计师就是在很真实地表达一颗具有强烈生长态势的热带植物,表达自然的特有生命美感。

又如图 3-25 所示,西班牙设计师 Maximo Riera 动物系列皮椅,通过具象再现法对动物进行形态仿生,表达了每一个生命的自然美、野性美,同时也提醒人们要维持生态的平衡,加强对濒危物种的关注,保护人与自然的相互依赖和谐共存的环境,也表达出对动物王国的敬意。

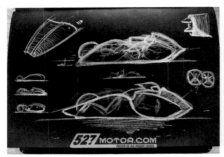

图3-26　穆罕默德·埃德姆(Memet Doruk Edem)设计的BMW鲨鱼仿生摩托车

隐喻抽取法

隐喻抽取法是针对自然界中生物形态的一些特征不能明显地用形态概括的方法获得，需要通过象征、隐喻的方式进行抽象仿生，并通过整体的形态来传达一种产品特殊品质和内涵，引起人们在情感上的共鸣。如图3-26所示，土耳其设计师穆罕默德·埃德姆（Memet Doruk Edem）设计的BMW鲨鱼仿生摩托车Titan（605km/h），其外观采用鲨鱼动态身体曲线，并由鲨鱼流体力学的启发，通过形态仿生设计最大限度地降低了摩托车行驶过程中的阻力，个性十足的鲨鱼外形呈现强烈的视觉冲击力，满足了车主追求速度、迷恋高科技、追求个性的消费心理。

简化优化法

以生物学"适者生存"的复杂演变发展来说，若科学家只靠"仿生"而无针对人类所需进行"优化"，将无法解决人类多方面的问题，幸运的是目前有许多不同领域的学者愿意共同研发，包括生物学家、工程师、材质研究员、化学家、物理学家、设计师和建筑师等，让仿生学有更多新角度、新视野和新发现。[①]

生物为了适应自然界的生长环境而不断进化，无论是动物还是植物的空间形态与结构都具有天然的美感和与大自然环境和谐共生的特点，因此可以在自然里特别是生物界中去寻找产品造型的灵感。生物界中的动植物形态各异，采取先简化再优化的方法，来获取理想的仿生形态。在此过程中，要先剥离出生物的表象形态，并进行认知与研究。如图3-27，3-28所示，为笔者的学生在仿生形态设计课堂上的生物形态简化与优化的习作，从图中

①［意］克劳迪欧·乔尔乔、［法］帕特里克·布琼等.达·芬奇笔记的秘密[M].秦如蓁译.重庆：重庆出版社，2015：133.

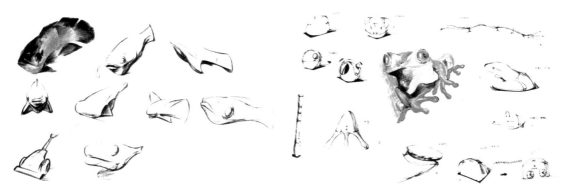

图 3-27　鱼的形态特征简化与优化　田明凯　　　　　图 3-28　青蛙形态优化后的设计应用　曹鹏

可见生物形态的简化与优化过程。将生物形态简化与优化后，再根据产品功能、使用人群、生物对象等要素，按一定的设计程序和方法进行有目的的产品形态设计仿生的优化设计。

简化是一种对形态进行概括、提炼、统一的法则，具有单纯明了、和谐协调的美感，平衡对称、条理秩序是简化的美学形式特征。[①]生物形态的简化，是仿生设计中生物形态优化的基础。鲁道夫·阿恩海姆 (Rudolf Arnheim，1904-1994) 在《视觉思维——审美直觉心理学》一书中对简化下的定义是：从一种绝对意义上说来，当一个物体仅包含很少几个结构特征时，它便是简化的；在一种相对意义上说来，如果一个物体用尽可能少的结构特征把复杂性的材料组织成有秩序的整体时，我们就说这个物体是简化。这里所说的特征，并不是指组成成分，而是指事物的结构性质。根据上面的定义我们可以发现，这里的简化实质上是指一个事物的结构特征数量的减少。[②]

生物形态特征的简化，就是在生物形态中提取其主要形态结构特征的过程，这是人类探索自然形态最为常见的认知方法。简化前，必须对生物的整体结构进行认真分析，才可以准确地提取和简化生物的主要结构特征，分析整体结构的目的就是为了搞明白生物整体结构及局部结构的关系，才会更有利于生物特征的简化。[③]

生物形态在经过简化后，还要进行艺术加工即优化处理，在这个过程中可以通过删减、弱化次要结构的形态特征，以突出和强调主要结构的形态特征，最后得到特征鲜明的生物形态。如图 3-29 所示，由波兰设计师罗伯特·迈库（Robert Majku）设计的Whaletone(鲸鱼)钢琴作品，采用简化后的鲸鱼形象，保留了鲸鱼典型的躯干特征，对鲸鱼的鳍进行夸张优化处理，以突出和强调鲸鱼呈飞跃的动态特征。从产品语意学来说，鲸鱼飞跃的形态，使钢琴产品传递出生命、速度和力量的内涵语意。

①张祥泉．产品形态仿生设计中的生物形态简化研究 [D]．湖南大学，2006：27.

②鲁道夫·阿恩海姆．视觉思维 [M]．滕守尧译．成都：四川人民出版社．1998：5-320.

③邬烈炎．解构主义设计 [M]．南京：江苏美术出版社，2001.

图 3-29　Robert Majku 设计鲸鱼钢

形态简化的原则

对于生物形态的概括、抽象与提炼，是设计师对形态不断简化到优化的必经过程，在这个过程中，所要表达的生物形态的意象要明确，要与人的视觉思维习惯相适合。因此，对于生物所具有的最突出、最本质的结构特征是简化时要抓住的重点。基于视觉思维，优化生物形态要注意以下几个原则：

突出特征原则

不同种生物形态中有不同本质的形态特征，要选生物视觉特征明确、突出的物种作为仿生对象。这样的仿生产品才会具有鲜明突出的产品个性特征，也容易让人们记住。

主要特征原则

主要特征是指对生物形态的构成特

征起重要识别作用的特征，可以说，准确清楚地传达好生物形态的主要特征，就基本能够保证生物原型的顺利识别。[1]由于不同生物形态中结构特征有主次之分，能清晰体现生物整体形态的特征为主要特征，因此，产品形态设计仿生是选择生物的主要特征来设计的。

整体原则

整体大于局部原则是基于人的视知觉的基本规律，即先整体后局部的原则来认识生物形态，因此，对于任何复杂的生物形态，要抓住对象宏观整体的结构特征，并将整体形态分解优化成若干个特征鲜明的形态，再在这几个优化的形态中选择最具代表性的形态特征。对于局部形态，始终依附于整体形态。

类似原则

类似法就是将不同生物形态并在一

①陆冀宁. 仿生设计中生物形态特征提取浅析［J］. 装饰，2009，01：137.

起，通过对它们的形态进行分析比较，找到相似的地方，以取得共同的优点和突出的形态元素，并借鉴到其他对象中去，通过生物形态的简化和优化设计，得到新的仿生设计的方法。在采用类似原则设计时，重点工作是提炼出生物的个性形态。

匹配原则

生物形态简化要适合于产品形态及其产品的功能属性。因为生物形态与产品形态之间存在差异，所以生物原型与产品的匹配至关重要。在生物原型选定的前提下，而该生物形态又不能完全体现其产品功能特点，这时就必须通过遗传算法来对生物形态进行变换，以符合产品形态在功能和结构上设计要求。[①]

增减优化原则

设计师简化生物形态特征时，以生物自然结构形态系为基础，对优化的形态做适当增量和减量的处理后，还可以对简

化的形态主体或局部进行夸张处理以达到突出强化生物主体结构特征的目的。

生物形态简化的方法

生物形态简化的方法，概括来讲，就是如何归纳抽象出与生物生命机能相吻合的优质有机形态的方法。生物简化包括局部抽取法、整体抽取法。对生物形态的简化提炼一般遵循以下3条原则：生命感、平整化和鲜明化。

生命感：牢牢地抓住不同生物形态所具有的生命属性，即生物生命原动力所带来的具有生命张力的美感；

平整化：造型规整，删繁就简，运用统一与变化、对比与调和、节奏与韵律、对称与均衡、比例与尺度等形式美法则，使形态结构清晰明确，美观；

鲜明化：加强生物形态的特征差异，利用分离、倾斜夸大原型的模糊特质，使形态鲜明。

①郭南初.产品形态仿生设计关键技术研究[D].武汉理工大学2012: 49.

局部抽取法

局部抽取法，是挑选生物形态中最具生物突出特征和美感部位的形态进行简化处理，获得新的生物有机形态的造型方法。这种方法主要针对局部形态特征特别突出的自然生物。在此过程中要经过对生物形态的观察、选择、确定简化的局部目标、仔细感知描绘目标、简化概括目标、归纳提炼目标。进行局部抽取时，讲究主次分明，突出占绝对优势的形态结构（如图 3-30，3-31 所示）。

图 3-31　局部形态抽取后的应用

图 3-30　鸡头的局部形态抽取　李淑君

先收集大量的生物素材，选择具有典型突出特征和美感的局部形态，然后在此基础上再进行提炼和加工，最终发展成完整、明确且有代表性的仿生形态。例如图 3-32 所示，分别将绿叶的"叶脉卷曲"的局部形态和"藕的断面"局部形态进行提炼抽取并进行适当的夸张，选取出生物对象最为突出和生动的形态结构来进行产品仿生造型，使产品充满了自然风和亲和力。

抓住生物形态特有的生命张力美感是形态设计仿生的关键环节，这关系到仿生在产品造型创新的效果。同时，选择生物原型局部进行抽出转化时，要在形态仿生的"匹配原则"指导下注意仿生形态与产品功能两者之间的适配性，不能简单理解为仅仅是形态上的相似。我们之所以要学习自然，是因为生物在进化过程中遇到的问题与人类遇到的是类似的，而且它们已经找到了解决问题的办法。比如，翠鸟的流线型长喙从前到后的体量是逐渐增大的，潜水时会让水很快流向身后，溅起少量的水花。日本工程师们从翠鸟的局部形态——嘴巴上得到了灵感，将圆头状的子弹车头进行改良，设计成了 500 系列新车（如图 3-33 所示），工程师根据翠鸟

图 3-32　"叶脉卷曲"和"藕的断面"的局部抽取

喙部的特殊功能,将车头部分进行了优化设计,还从中得到了如何克服高速列车噪声的方法,让车速提高了 10%,能耗方面也节省了 15%。[①]

整体抽取法

整体抽取法是在对自然生物形态全面观察和分析的基础上,从其外观整体形态中概括抽取出基本特征的形态归纳方法。整体抽取法常用于仿生大型动物的动态美或静态美,如图 3-34 中海豚具有代表性的俯冲游泳时的动态,抓住其身体运动产生的曲线,并进行归纳提炼,可获得生命张力美感的仿生形态。

设计师采用整体抽取法时,必须仔

图 3-33　依据翠鸟嘴的设计而成的日本 500 系高速列车车头

细观察,分析自然形态细节,推敲其形态的生长原理,遵循生物形态简化优化的"生命感、平整化和鲜明化"三条原则。删去次要的细节,选取主要的形态结构来进行艺术处理。例如英国设计师佩里·金(Perry King)设计的 Borealis 柱状"北

① [美] MaggieMacnab, 源于自然的设计——设计中的通用形式和原理[M]. 北京: 机械工业出版社, 樊旺斌, 2012: 44.

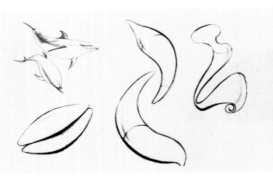

图3-34 海豚的动态形体特征变化 程燕

生物形态描绘 生物形态简化 生物形态增减优化 仿生产品形态 使用状态

图3-35 Borealis 柱状地灯(Perry King)紫草花局部形态仿

极"广场灯，其生物灵感来自Comfrey（紫草科植物），就是采用整体抽取法对紫草科植物花朵进行仿生设计的成功案例。设计师首先对植物花体的整体形态进行仔细的描绘，以便感知其天然形态的美；其次忽略花的明暗和色彩特征，只对花冠和花蒂的曲面形态进行简化；再次的工作最为关键，设计师将简化后的花冠和花蒂的部分形态特征进行增减，并结合广场灯具的产品特点进行整合优化，最后完成了这款仿生灯具设计（如图3-35所示）。

生物形态简化优化的程序

在对生物形态进行优化抽象设计时，通过对生物形态素材收集、选择、具象表达、结构分析，抽象提炼、补足、夸张、纠正、比较、整合后以获得优化的有机形态，如图3-36所示。这个过程是设计师对从感性认知到理性分析，从复杂的生物形态到简化的生物形态，从生物共性结构特征到个性结构特征的推敲过程，当然，生物形态简化与优化的效果，与设计师的审美、形象思维能力以及三维表达能力密切相关（如图3-37所示）。各种仿生方法在仿生设计实践中要灵活运用。

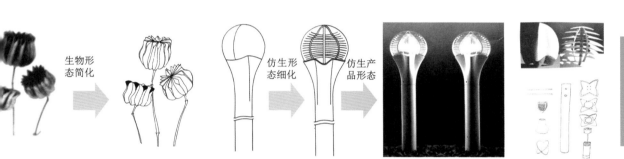

图3-36　Borealis 柱状地灯(Per ry King)简化优化过程

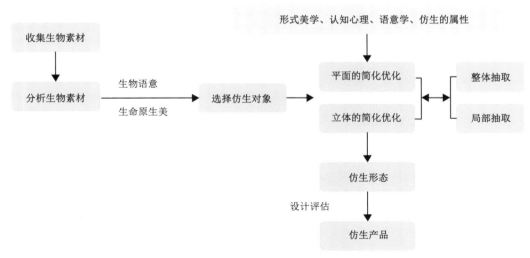

图3-37　生物形态简化优化的程序

4

从生物原型到仿生设计程序模型

从产品到生物学的设计程序模型

产品形态设计仿生的程序

the bionic program of Product form design

从生物原型到仿生设计程序模型

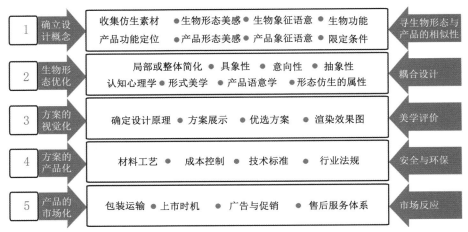

图4-1　从生物原型到仿生设计程序模型

确立设计概念

从生物原型到仿生设计程序模型，设计师从大自然直接获取创意灵感，并探寻到生物形态与某种产品的相似性，从而完成产品形态设计仿生工作程序与方法。这个程序模型由五个阶段组成（如图4-1）：确立设计概念、生物形态优化、方案的视觉化、方案的产品化，产品的市场化。对于设计学来说前3个阶段是重点，而后2个阶段，也需要设计师去考虑。

此阶段的工作主要是收集生物素材，并将它们进行分类整理，依据认知心理学、形式美学和产品语意学去认知生物原型的形态美感和形态语意特征，在此基础上对生物与产品设计之间的相似性进行判断，找到能与某类产品的形态或功能相吻合的生物，以确立仿生产品的设计概念，从而明确设计的功能。再通过对使用需求和市场需求的分析，获得仿生产品的设计概念。

生物形态优化

通过对相同类型不同生物原型的对比和内外因素的分析，可以选出与表达产品功能最为匹配的那一种生物形态来进行优化。可以用头脑风暴等发散思维去取得合适的仿生生物对象。在此过程中再根据具体情况对生物形采用局部或整体简化，并进行具象性、意向性、抽象性仿生，以优化生物形态，取得满意的生物有机形态。

方案的视觉化

本阶段是以产品设计概念和仿生造型创意为基础，设计师结合时代审美及设计潮流、采用新材料、新技术、新工艺等，把仿生设计方案通过草图、手绘效果图、计算机 3D 渲染图、模型、动画、样机、设计报告等各种表达方式来表现设计方案，并以时代美学为标准，完成设计方案的视觉化。

方案的产品化

方案产品化是指将产品的设计方案按照现有的材料、工艺、生产技术进行批量制造和生产。在批量生产前，必须有针对性地对设计方案进行可行性调整，并完成详细的生产制图、模具设计、生产工艺流程安排、技术标准等工作，然后再经过小批量生产实验无误后才投入生产，实现设计方案的产品化。

产品的市场化

产品的市场化是指将产品投入市场销售的前、中、后环节，比如产品的包装运输、上市时机、促销方式、分销渠道、售后服务、市场和用户的反馈等。

87

从产品到生物学的设计程序模型

　　从产品到生物学的设计程序模型，是设计师直接从产品功能入手，去挑选大自然中的生物原型，进而获得创意灵感。在此设计模型中，关键还是要找产品与生物原型的相似性。选定生物原型，然后展开生物形态优化和方案的视觉化，取得满意的产品形态设计仿生方案。该程序模型由5个阶段组成：确立设计概念、生物形态优化、方案的视觉化、方案的产品化，产品的市场化。这个仿生程序模型与图4-1的不同之处在于第一阶段确立设计概念时的切入点不同，其他都一样，固在此不进行赘述（如图4-2所示）。

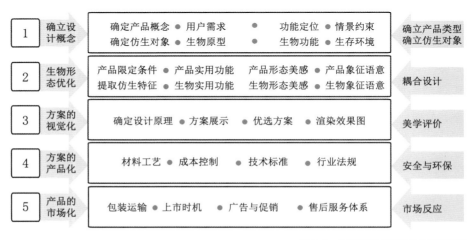

图4-2　从产品到生物学的设计程序模型

5

产品形态设计仿生的案例

the bionic case of Product form design

图5-1　弗兰克·盖里(Frank Owen Gehry)设计的奥运村鱼形雕塑

形态设计仿生在建筑中应用

建筑是一门集工程力学、材料学、设计学等学科于一体的造型设计学科。仿生设计学作为一门新兴学科，在建筑设计领域得以广泛应用，世界上有很多著名的建筑都源于仿生设计。仿生建筑的研究体现出人类回归自然，追求健康生态环境的意愿，同时体现了社会对可持续发展意识的认同和对人类生存环境的关注。建筑仿生与生态结构之间有相通的地方。仿生在建筑实践中比较活跃，表现出三种倾向：生物形态仿生，生物机能仿生，生物生成规律仿生。[①]本书选取部分生物形态仿生的典型案例进行分析。

在当代著名的解构主义建筑师弗兰克·盖里（Frank Owen Gehry）设计的建筑作品中，如图5-1所示，有很多与"鱼"相关的形态仿生造型。比如巴塞罗那的"奥运村鱼形雕塑"，采用整体仿生形式，抓住鱼最主要的躯体特征和摆尾态势，整体采用古铜色镀金和不锈钢条交织，以独特的有机结构，构成了跳跃着的一条大"金鱼"，充满了生命的力量。

弗兰克·盖里设计的位于日本神户的鱼舞餐厅，同样选择以鱼为仿生生物对象，进行整体具象仿生。如图5-2所示，整个就是一条活蹦乱跳的鱼，其具象仿生的手法，让翘尾的鱼巧妙地表达"鱼舞"。鱼舞餐厅给人以亲切感和新奇感，不断吸引着来自全世界的游客，也成了当地的地标建筑。这是具象仿生在建筑中应用得非常经典的设计。

2008年北京奥运会的主体育场"鸟巢"，由普利兹克奖获得者雅克·赫尔佐格（Jacques Herzong）与皮埃尔·德梅

① 李超先. 类细胞仿生建筑设计方法研究 [D]. 大连理工大学，2013: 28.

图 5-2　弗兰克·盖里（Frank Owen Gehry）设计的日本神户的鱼舞餐厅

图 5-3　赫尔佐格和德梅隆主创设计的北京奥运场馆"鸟巢"

隆（Pierre Demeuron）主创设计，并与中国设计师合作完成。体育场形态是仿生孕育幼鸟生命的"巢"，整体建筑以网状钢架支撑，仿佛是树枝编织的鸟窝。"鸟巢"状特有的空间形态简洁而典雅，蕴涵对生命的孕育，表达出人们对未来的美好希望，因此"鸟巢"成为北京具有历史性和标志性的建筑（如图 5-3 所示）。

　　具有建筑师和结构工程师的双重身份的圣哥亚哥·卡拉特拉瓦（Santiago Calatrava）认为：大自然里的虫类、鸟类、林木等生物，除了有美观形态以外，还有令人类惊叹的力学效率。所以，他常

91

图 5-4　卡拉特拉瓦设计的里昂国际机

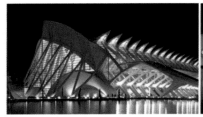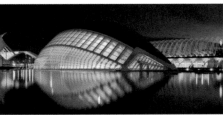

图 5-5　卡拉特拉瓦设计的巴伦西亚科

在大自然中去探寻建筑上的设计灵感。如图 5-4 所示，卡拉特拉瓦设计的法国里昂国际机场，其建筑形态仿生动物的骨骼，单体线状有序排列组合，加上大型的体量，给人强烈的视觉冲击力。卡拉特拉瓦以同样源于大自然的生物灵感，采用动物骨骼、鸟类的羽毛、甲壳类动物的外壳设计了巴伦西亚科学城（如图 5-5 所示）。

总的来说，采用形态仿生，表现生物形态的生命张力，是建筑师们最喜爱的仿生手段。当然，随着材料和建筑技术的不断发展，仿生建筑将会给人们带来更加美妙的居住体验。

形态设计仿生在家具中应用

仿生设计在家具设计实践的优秀案例很多，一方面，本书选择部分国内外经典家具仿生设计案例做分析；另一方面，也将笔者的部分家具仿生设计案例进行分析。

国内外仿生家具中的经典

总的来说，对于我国经典的仿生家具，可以追溯到商代的人面纹铜鼎，尤以明清时代最为经典，然而近现代设计仿生家具原创的不多。我国古典的仿生家具由于较少受到外来文化发展的影响，家具风格基本保持一脉相承的风格特点。与东方古典家具的发展相比，西方古典家具发展中呈现出多种风格并存的特点，而不像东方家具风格那样，有传统文化的主线贯穿始终。[1]这是由于中西方文化思想差异形成的。中西方文化的差异在于：西方以人文精神为内涵，主张艺术不断创新，而我国重儒家思想，主张"法古"，秉承祖先衣钵。

对于我国仿生家具来说，不同时期都有较为鲜明的特色：如商周的以蝉纹、兽面纹等为主要装饰造型的青铜器，战国时期绚丽奇幻的青铜龙凤图案，明代的蹄足圆凳、搭脑仿生形象的官帽椅，融入西洋家具的形式而形成靠背模仿梳子的梳背式太师椅，以及带有卷草纹透雕的圈椅等。总的来说，宋代以前以动植物具象仿生纹样为主，宋代逐渐由具象向抽象转变，明清又逐渐回归具象。发展至现代，中国的设计师们尝试在中国古典家具的基础上结合西方现代家具，并秉承中国传统文化思想，为设计出有中国特色的现代仿生家具而不断地探索实践（如图 5-6 所示）。

西方国家的仿生家具设计，其发展受时代背景，地域环境及政治文化的影响，不同时期都出现了大批量的仿生家具设计。例如，文艺复兴时期的巴洛克风格充满阳刚之气，极具男性热情、奔放和坚实稳定的特点。[2]与之相对应的洛可可艺术风格具有女性的细腻柔媚，常用弧线和 S 形线构成非对称造型，并用贝壳、卷草、舒花、旋涡元素来装饰。

93

①陆冀宁. 国外现代家具领域中的仿生设计规律研究 [D]. 江南大学，2005: 10.

②何镇强，张石红. 中外历代家具风格 [M]. 郑州:河南科学技术出版社. 1998: 5.

商代人面纹铜鼎

战国时期的错金银
四龙四凤青铜方案

明代黄花梨有束腰三弯腿卷草纹炕桌

明代带透雕卷草纹的圈椅

清代早期的官帽椅

清代紫檀八角龙纹花台

清代梳背式太师椅

图5-6　我国商代到清代的部分经典仿生家具设计

经典设计太多，此处仅举例丹麦这几位大师做分析。例如丹麦的著名设计师安恩·雅各布森（ArneJacobsen，1902-1971）的家具设计具有强烈的有机雕塑风格，在丹麦传统风格基础上巧妙地融入现代设计理念，如雅各布森设计的蛋椅（EggChair），其椅背和扶手连起来就像蛋壳的一部分，包裹状的形态给人以安全感。还有汉斯·瓦格纳（Hans Wegner）设计的孔雀椅、牛角状的牛角椅等。比如汉斯·瓦格纳的衣架椅（又称侍从椅），其靠背造型仿生衣架，整体形态如同一个侍者，隐含着"请将衣服挂于此"的语意（如图5-7，图5-8所示）。

丹麦设计师中的女性设计师纳纳·迪塞尔（Nanna Ditze）也有很多仿生家具作品，她设计的蝴蝶椅，是动态仿生的典范，如图5-8所示。以上这些经典家具设计都有共同的特点，选取的仿生对象的形态特征鲜明，完美地表达了家具的实用功能，同时还表达出家具的幽默感和与人的亲近感。

雅各布森设计的蛋椅（EggChair）

汉斯·瓦格纳（Hans Wegner）
设计的孔雀椅

汉斯·瓦格纳的衣架椅

图5-7　丹麦经典仿生家具设计

汉斯·瓦格纳的牛角椅

丹麦纳纳·迪塞尔的"蝶"双人椅

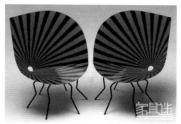

丹麦纳纳·迪塞尔的蝴蝶椅子

图5-8　丹麦经典仿生家具设计

相同仿生对象的案例对比

自然界是人类艺术造型创新的起源地，在产品形态仿生造型设计领域中，设计师可依据大自然不同种类的生物形态，创造出各种令人惊叹的"优良设计"，也可根据同类生物形态设计出各种不同的令人叹为观止的生活产品。如图5-8所示，纳纳·迪塞尔以蝴蝶为仿生对象而设计出的两种完全不同的椅子。在以下案例分析中，采用类比分析法，重点来研究。从各种不同的人为仿生对象的设计案例足以可见仿生设计的创意无限。

意大利天才设计师斯蒂凡诺·乔凡诺尼（Stefano Giovannon）和故宫博物院合作设计的ALESSI清宫系列产品，是以清朝乾隆皇帝的画像为仿生对象进行创意设计的。这些作品充满趣味和中国历史意韵，是以人为仿生对象的经典设计之作。如图5-9左图所示，由斯蒂凡诺·乔凡诺尼设计的Chin系列胡椒罐，身着皇帝圆领长袍，袍身饰有富贵花纹，寓意花开富贵。而右图所示的满清官吏娃娃榨汁器，以相同的仿生人形的设计手法，融入趣味性和灵动性。产品在使用前后呈现不同的官阶身份：当榨果汁前，戴着"V"形帽子就像一个清代小士兵，当榨果汁时，将其帽子倒过来，小士兵就变成了一个小官吏。

又例如以"儿童"身体为仿生对象

95

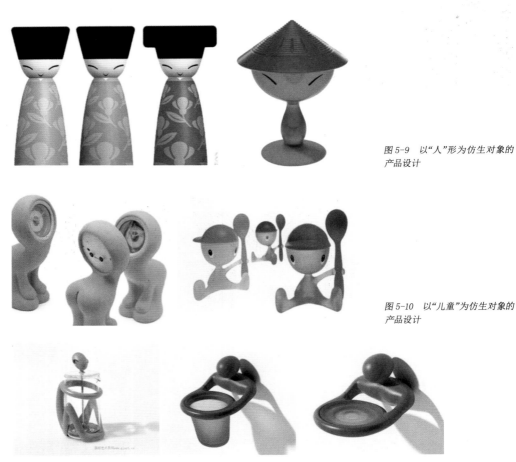

图 5-9　以"人"形为仿生对象的产品设计

图 5-10　以"儿童"为仿生对象的产品设计

图 5-11　以"人"形为仿生对象的产品设计

的产品设计，赋予产品强烈的童趣并极具亲和力，让人爱不释手（如图 5-10 所示）。再如图 5-11，图 5-12 所示，由 ALESSI 出品的以"人形"为仿生对象的系列产品，就像儿童玩具一样，具有趣味性与人情味。这类产品充满了幽默感与诗意感，让人会心一笑，使人们的生活变得格外简单轻松，这些仿生设计作品是对 ALESSI"产品是生活的情感与记忆"设计哲学最好的诠释。

图 5-12　以"人"形为仿生对象的产品设计

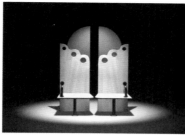

图5-13　蝶椅设计(笔者仿生设计作品)

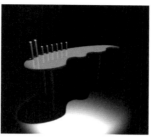

图5-14　以"幸福树叶"为仿生对象的茶几设计(笔者仿生设计作品)

形态设计仿生在家具中的设计实践

案例一：蝶椅设计

蝶椅设计如图5-13所示，笔者选取蝴蝶的翅膀进行局部抽象仿生，从生物态势上来看，属于静态仿生。笔者将蝴蝶翅膀提炼后的形态作为椅子的靠背，并结合蝴蝶翅膀半透明状的形态特征和前端的弧线造型，形成两张蝶椅合二为一的共生状。蝶椅的椅背和椅面采用垂直状，暗含与我国明代官帽椅上正襟危坐呈现出的威严状。两张蝶椅，通过蝴蝶"翅膀"合二为一的形态组合，赋予蝶椅的内涵语意——我国古代哲学中崇尚自然，追求"天人合一"的思想。

案例二：树叶茶几设计

在树叶茶几的设计中，如图5-14所示，笔者将幸福树树叶进行局部简化和抽象，抓住幸福树叶边缘充满韵律起伏的波浪状形态，并取其一半，概括提炼成一张有机的桌面，桌面上7根不锈钢柱有序而夸张地排列组合，与茶几整个曲线的边形成对比，同时，还与茶几的柱状腿形成呼应，使得整个形态在统一中又富有变化，形成特有的轻松、欢快的节奏美感，寓意快乐幸福的生活。

形态设计仿生在灯具中应用

自人类出现后，灯具也随之产生，世界的灯具传承千年之久，它不仅带给人们光明还给人温暖和希望。对于仿生设计在灯具中的应用，是人类顺其自然的创意方法，时至今日，仿生灯具在不同时期有不同的风貌。人们以大自然为师，不断地采集自然界蕴藏丰富的有机生命元素，将形式优美，结构巧妙合理的生物形态应用到灯具设计上。因本书的设计实践是做形态仿生灯具设计，故主要分析10款经典的仿生灯具应用，如表5-1，5-2所示。笔者在众多经典仿生灯具设计作品中，发现一个规律，设计师们都喜欢选择植物或动物来做灯具的仿生设计，而在植物中，更多的会选择花卉作为仿生设计的生物素材。

仿生设计不但可以让灯具产品满足基本的功能需求，还能提升灯具的欣赏价值、体验价值、情感价值，甚至是哲学上

的意义。[1]随着社会经济的发展、人们生活质量的提升，人们对灯具的需求也在不断地提高，因此，灯具除具有基本照明功能外，外观设计上还要具有审美和欣赏价值，而且能带给人们不一样的体验价值，以唤起情感上的共鸣，而仿生的灯具设计就能满足人们的这种综合需求。

凡是美的东西都具有共同的特征，这是古希腊数学家毕达哥拉斯的名言。这是因为美的东西在部分与部分以及部分与整体之间是协调一致的，并存在一种特有的几何尺度关系。文艺复兴时期对于数学和几何学的研究使黄金分割比例得到前所未有的重视，达芬奇的《维特鲁威人》诠释了黄金比例在人体上的应用，《蒙娜丽莎》和《最后的晚餐》更是把黄金螺旋线、黄金分割比例应用到极致，对文艺复兴时期的作品起了奠基式的影响。[2]

直到今天，几何学中的黄金分割比

①江坤.浅谈仿生设计在 LED 灯具设计中的应用[J].科技与创新，2015, 10: 78.

②潘登.黄金分割比例在设计中的应用[J].艺术品鉴，2016, 06: 65-66.

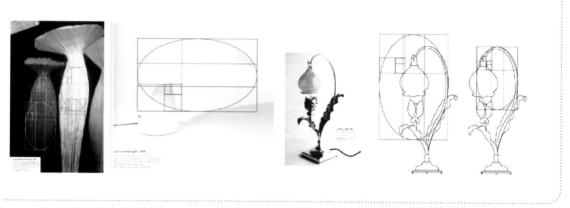

图5-15　设计几何在仿生灯具中的运用①

例原理依然被广泛应用在建筑、平面或者
产品设计中，如图5-15所示黄金分割比
例被用在仿生灯具中，使灯具设计在自然
美学的基础上创造出更符合视觉习惯、更
美的灯具作品，增加消费者的接受度和认
知度。

　　总的来说，仿生设计是灯具设计中
重要的方法之一，合理地将仿生运用到灯
具设计中，给人们带来愉悦和舒适，可提
高人们的工作效率。

① Fiell C, Fiell P 1000
Lights, vol 1, Taschen,
London, 1995.

原型生物在灯具仿生中的应用案例分析表一　　　　　　　　　表 5-1

灯具名称	原型生物	仿生灯具	仿生方法	仿生特点
苍鹭台灯			整体抽取静态仿生	台灯的灯头、灯杆和底座的连接处，与苍鹭的头、躯体和脚的生物的关节结构相吻合；在使用时，这一只"苍鹭"就可随着使用者的调节而改变形态关系，让"苍鹭"在桌面上呈现不同的"舞姿"；产品的灵动性隐喻着生物原型的生命魅力
汉宁森设计的洋蓟灯			整体抽取静态仿生	保罗·汉宁森设计的洋蓟灯，依据洋蓟整体形态及内外层层包裹的结构形态，创构了洋蓟灯由数张遮光片有序组合的新的灯具形态；每片遮光片的形状归纳成方形片状，没有与洋蓟的外皮叶片形状完全相同，简约而优雅，既反映了生物美感的本质，又呈现工业时代的美感特质
Moooi蒲公英吊灯			整体抽取静态仿生	荷兰设计师 Richard Hutten设计的Moooi 蒲公英吊灯整体仿生蒲公英球状花型，由中心360度发散状的圆形灯片围合成灯型，别致、有趣，并散发出自然的美感
Norm69松果灯			整体抽取静态仿生	丹麦设计师Simon Karkov于1969年设计Norm69松果灯与保罗·汉宁森设计的洋蓟灯有着异曲同工之妙，也是由片状组成，但相对于汉宁森设计的洋蓟灯要封闭一些；灯型由69片箔片构成，无需任何工具，用户只需动一下手，拉伸折叠的灯罩装置，很快就会组装成一个具有独特造型的灯具
Norm06百合灯			整体抽取静态仿生	Simon Karkov的Norm 06百合灯，以充满芳香的百合花朵仿生造型惊艳人们；Norm06的造型灵感，来自大自然里纯洁如雪的百合花，白色则是最低调雅致的颜色，透过灯片的交错分布，让灯泡散射出自然柔和的光线

原型生物在灯具仿生中的应用案例分析表二　　　　　　　　　表 5-2

灯具名称	原型生物	仿生灯具	仿生方法	仿生特点
Frank Gehry 的鱼灯			整体抽取动态仿生	盖里的鱼灯系列，或许受"舞鱼餐厅"启发，用整体具象仿生的方法，结合他擅长的"视觉冲突与连贯的几何弧度"的处理手法，将鱼的鳞片用金属丝串联起来，巧妙的组合使鱼体活跃，加上内部发光部件，整个灯是游鱼活现，令作品兼具动感与艺术美感，并向观者传递着一种欢悦的情绪
蜂群吊灯（Swarm Lamp）			整体抽取静态仿生	瑞典的设计师 Jangir Maddadi将蜜蜂的头和身体概括简化后，采用北欧设计中常见的玻璃、木头、金属三种材料元素融为一体：玻璃灯头比作蜜蜂的头，用木头塑造成饱满的蜜蜂身体；灯的头和尾部保持平衡状，好像蜜蜂正在采蜜；整个造型生动、浑然天成
水母灯			整体抽取静态仿生	来自瑞典的设计师Markus Johansson选择海洋里最优雅和灵性的水母为仿生对象，以简炼的圆形作为灯头，由上至下长条飘动状触须组成灯的支架
鹦鹉螺灯			整体抽取动态仿生	Rebecca Asquith 设计的鹦鹉螺灯具 Nautilus light，仿生可爱的鹦鹉螺形态，采用欧式的胶合板，利用其韧性弯曲成半圆状，灯具19条曲木片，依次从大到小，由不锈钢十字叉、螺丝和塑料铆钉组装而成；当灯开启时，灯光穿过木片，透射出环状光斑纹样，与鹦鹉螺自身的自然花纹相吻合；其折叠结构设计，方便安装和运输
萤火虫树灯			局部抽取静态仿生	Moooi 荷兰设计师创意的萤火虫树吊灯，抓住萤火虫发光部位呈现的圆点状，以此作为仿生的灯具主要造型，并用亚克力做成发光灯件，灯具支架采用不锈钢做成树枝状，既复古又现代、时尚

101

从生物原型到仿生设计程序的实践

　　基于前面几章的理论以及方法研究，笔者以莲蓬为生物原型，做了两个不同仿生产品设计的实践案例，即："绿韵"台灯设计和 KTV 公用话筒消毒机的设计。在这两个仿生实践案例中，以莲蓬台灯设计作为重点，运用笔者所研究的仿生设计思维与方法、仿生设计程序模型进行设计实践，以验证其可行性。

仿生设计实践案例——"绿韵"台灯设计

　　依据本书论述的设计理论及设计思维程序以及由笔者整合构建的形态仿生设计程序模型，本设计实践案例采用的是从生物原型到仿生设计程序。"绿韵"台灯设计的思维过程如图 5-16 所示。

"绿韵"台灯设计的具体实施过程为：

（1）搜集生物素材；

（2）分类整理生物素材；

（3）生物形态美感、形态语意及应用方向分析；

（4）选择最佳生物原型；

（5）寻找生物原型与产品之间的相似性；

（6）确定仿生设计目标为台灯；

（7）简化优化生物原型；

（8）结合产品功能及设计定位完成台灯创意稿；

（9）评价设计方案；

（10）方案的调整完成；

（11）台灯样机模型制作。

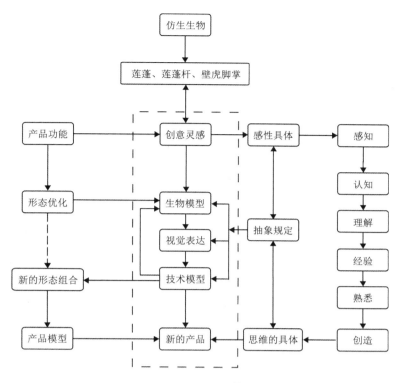

图 5-16　"绿韵"台灯设计的思维过程图

确立设计的概念

收集仿生素材

笔者主要是依据本文第三章所总结的产品形态设计仿生的类型，选择了动物和植物类的生物原型为仿生素材收集对象。

分类整理生物素材

从众多的生物素材中，笔者整理出11 类生物形态，共计 248 个生物样本：22 个花卉类形态样本、46 个海贝类形态样本、20 个蘑菇类形态样本、27 个鸟类形态样本、29 个海鱼类形态样本、20 个动物眼睛形态样本、17 个果实类形态样本、19 个珊瑚类形态样本、20 个水母类

形态样本、18 个莲蓬类形态样本、10 个壁虎类形态样本，如表 5-3，5-4，5-5，5-6 所示。每一类的生物形态都展现出大自然特有的生命张力，每一个生物体都是大自然的艺术杰作，美得让人心醉。

生物形态美感、形态语意及应用方向分析

对收集的生物素材，进行类似性研究和认知分析，重点对生物形态美感、象征语意和仿生应用方向进行了列表分析，这是基于形式美学和认知心理学，将理性和感性相结合，并结合生物学常识，对生

仿生素材收集整理表一　　　　　　　　　　　　　　表 5-3

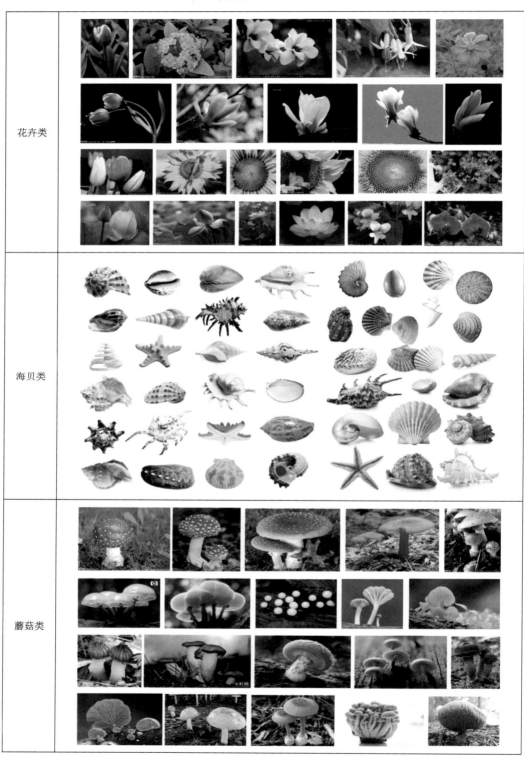

仿生素材收集整理表二　　　　　　　　　　表 5-4

鸟类	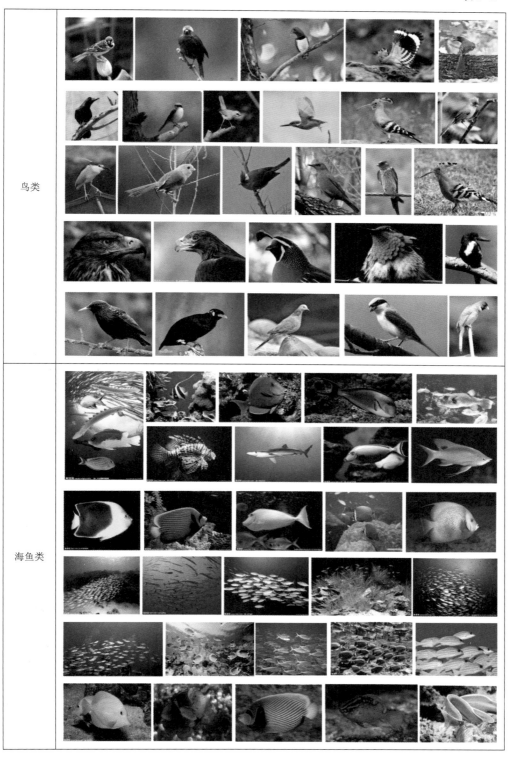
海鱼类	

仿生素材收集整理表三 表 5-5

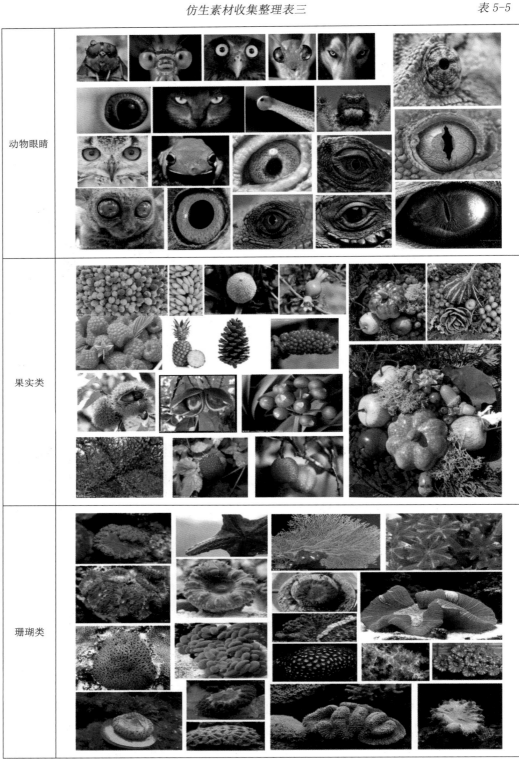

动物眼睛	
果实类	
珊瑚类	

仿生素材收集整理表四 表 5-6

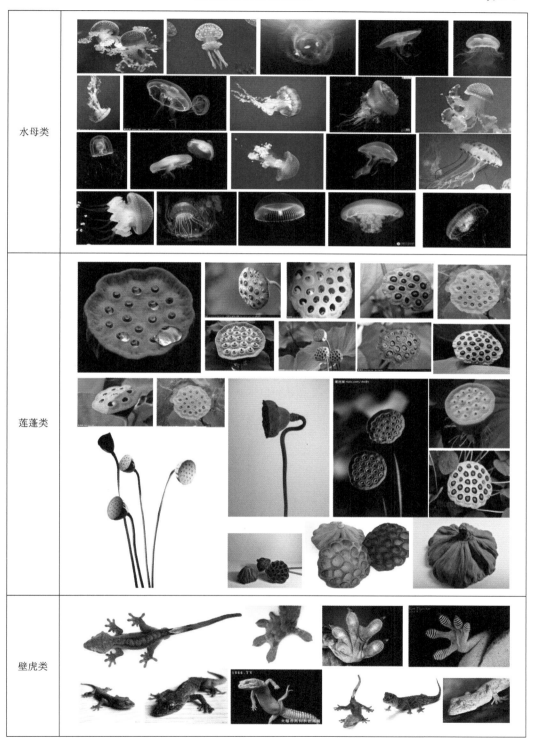

水母类	
莲蓬类	
壁虎类	

物形态进行准确理解和把握。其中的形态美感和象征语意，主要捕捉能形象表达生物形态特征的核心形容词，比如，形容花卉的圆润、饱满、柔美、轻盈、优雅等，据设计经验去评估仿生应用方向的可能性。例如，花卉类的生物形态在仿生设计中可能应用的方向有：服装、灯具、首饰、家具、家电、文具、餐具等。笔者分别对11种生物形态进行了生物形态美感、形态语意及应用方向的分析（如表5-7所示）。

选择最佳生物原型

通过多次对比，最后从众多的生物形态中确定选择充满浓郁自然气息的莲蓬作为仿生的生物原形（如图5-17所示）。

寻找生物原型与产品之间的相似性

依据莲蓬的形状和形态美感语意，在生活中寻找有着形态相似性的产品，通过仔细对莲蓬实物的观察，发现每个莲蓬里有20个左右的莲子仓，每个莲子仓内有一粒莲子，这一粒粒莲子就像是一颗颗现代灯具中的LED灯珠，莲蓬自身的形

收集的生物素材的分析表   表5-7

类别	数量	形态美感与象征语意	仿生应用的方向
花卉类	22个	圆润、曲线、柔美、轻盈、优雅	服装、灯具、首饰、家具、家电、文具、餐具
海贝类	46个	结构性、奇特性、空间性、规律性	建筑、灯具、首饰、玩具、家电、餐具
蘑菇类	20个	圆润、饱满、柔美、轻盈、优雅	建筑、灯具、首饰、玩具
鸟 类	27个	灵动、速度、欢快、轻盈、优雅	灯具、首饰、交通工具、家电、文具
海鱼类	29个	灵动、多彩、速度、轻盈、优雅	灯具、首饰、交通工具、建筑、文具、服装
动物的眼睛类	20个	灵动、奇异、圆润、透明、光亮	玩具、灯具、首饰、家电、文具
果实类	17个	圆润、甜蜜、成熟、喜悦、满足	灯具、首饰、家具、首饰、玩具、服装
珊瑚类	19个	密集、曲线、发散、新奇、惊艳	灯具、首饰、家具、建筑、文具、服装、玩具
水母类	20个	圆润、曲线、柔美、飘逸、优雅	灯具、首饰、家具、建筑、家电、服装、玩具
莲蓬类	18个	高洁、曲线、高挑、轻盈、优雅	灯具、饰品、家具、建筑、家电、洁具
壁虎类	10个	灵动、乖巧、专注、坚定、稳固	饰品、家具、家电、机械、玩具、灯具

态就像一个灯罩，而莲蓬杆可作为灯的立柱。由于壁虎脚掌的稳固特点（是由于它的每只脚底有数百万根极细的刚毛，每根刚毛末端又有约数百乃至上千根更细的分支，从而产生分子引力而具有超强的吸附性）与台灯的灯座（稳定性）存在相似性，因此，选择壁虎的脚掌为仿生台灯灯座的仿生对象，通过形态的简化优化，完成整个台灯的创意设计（如图5-17,5-18,5-19,5-20所示）。

确立"绿韵"台灯的设计概念

通过前述步骤的分析与研究，确立该产品的设计概念定位为"绿韵"台灯。笔者对现有国内台灯市场进行调研，总的来看，当今灯具市场，装饰性在灯具设计中成为主流趋势。现代的消费者对灯具的关注除了照明的基本功能外，希望从灯具中获得精神上的愉悦和轻松的享受，例如

从灯具的使用中感受到温馨与浪漫、柔和与静谧或个性与趣味等，消费者特别希望拥有回归大自然的灯具产品，以缓解生活和工作中的压力。所以，笔者在台灯的形态仿生整合时，运用认知心理学并采用多种知觉方式去捕捉莲蓬、壁虎脚掌等生物形态的个别属性。首先，莲蓬生物形态的自然属性、绿色属性传递的是大自然本真的"绿意"：莲蓬出之于莲，而莲出淤泥而不染，高洁而清新，轻盈优雅。壁虎也源于自然，其脚掌具有超强的吸附力，具有灵动、稳固的符号语意。巧借莲蓬杆细长的自然形态作为台灯的立柱，壁虎的脚掌设计成台灯的灯座。这样一来，整个台灯的设计元素与符号充满浓郁的自然气息，而这种绿意与自然正是人们所向往和追求的。综上所述，该灯具的设计概念定为"绿韵"台灯。现代灯具设计既要结合

109

莲子—LED灯珠　　收集的莲蓬实物　　　生物形态描绘认知　　　台灯仿生灵感

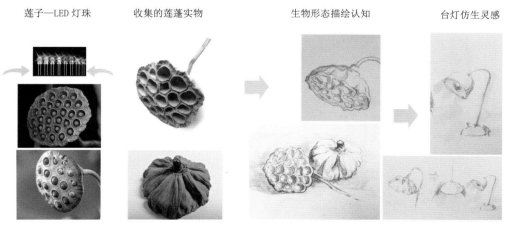

图5-17　寻找生物原型与LED灯具的相似性

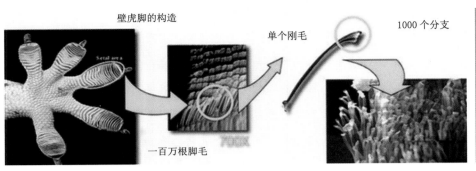

壁虎脚的构造　　　　　单个刚毛　　　　1000 个分支

一百万根脚毛

图5-18　壁虎脚掌的数以亿计的刚毛分支

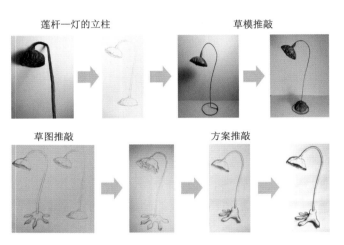

莲杆—灯的立柱　　　　　草模推敲

草图推敲　　　　　　方案推敲

图5-19　"绿韵"台灯的生物形态优化过程

现代最新的技术与材料，又要重视个性与趣味性，"绿韵"台灯设计的造型设计以莲蓬为主要形态，组合壁虎脚掌，以莲蓬杆上下相连，使该设计具有强烈的个性和绿色意韵。由于仿生设计赋予该台灯的自然属性和绿色属性，使得它与周围环境自然融合，所以无论将其放在现代简约风格环境中还是古典风格环境中都相得益彰。

生物形态优化

在"绿韵"台灯的设计中，以莲蓬为仿生生物对象，对台灯的灯罩形态进行1：1的具象整体仿生设计。以莲蓬杆为仿生生物对象，对台灯的立柱形态进行抽象仿生设计。选择壁虎，对其脚掌进行局部具象仿生，作为台灯的底座形态。对于莲蓬台灯的立柱进行曲线设计，笔者通过草图和草模的数次推敲，最后获得由莲蓬杆简化并优化后的有机形态。具体过程如图5-19，5-20所示。

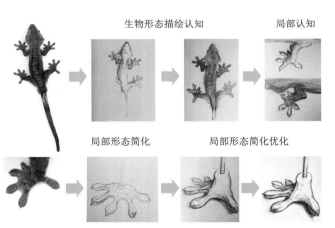

生物形态描绘认知　　　　局部认知

局部形态简化　　　局部形态简化优化

图5-20　"绿韵"台灯灯座的生物形态优化过程

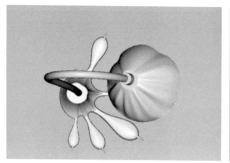

图5-21   "绿韵"台灯手绘及建模

方案的视觉化

通过对莲蓬的整体具象仿生和对壁虎脚掌的局部具象仿生后，获得台灯的生物模型，手绘效果图，再经过草模和泥模的推敲，并结合计算机建立数字3D模型（如图5-21所示）。

深入设计完成样机模型

"绿韵"台灯的灯头部分采用具象仿生方法，将莲蓬以1∶1硅胶翻模铸铜而成，在莲蓬的天然空洞内安置低能耗，高亮度的LED灯珠。灯杆部位，采用与莲蓬杆等大（直径为7.5mm）铜管，灯座部分用壁虎的脚掌，进行具象仿生，灯座通过泥塑后硅胶翻模后铸铜，最后安上3.2～3.6V的LED灯珠，完成莲蓬灯具的整体样机模型。对于光源的选用，本着科技性、环保和节能性，故选择新型的绿色光源产品的LED。LED技术的优点主要有：

① 低功耗。3.2～3.6V的LED灯珠可满足使用要求；

② 寿命长。寿命可达60000～100000 h；

③ 绿色环保。无辐射、无紫外线、无红外线产生；

④ 新技术。LED光源属于低压微电子产品。

为了深入完成设计方案，笔者依据灯具的基本功能、使用环境、现有产品语意等，在台灯的模型制作上力求达到1∶1样机模型的效果，在制作材料上选用青铜，成型方式采用我国5000多年前的失蜡铸造工艺，并通过对青铜的高温着色处理，传递一种历史感，以唤起人们对动物、植物及生态环境的保护。

笔者全程参与该莲蓬台灯的样机模型制作，历经了14道工序：如图5-22所示。本文结合笔者产品样机实践制作过程，结合现场照片，将模型制作过程概括

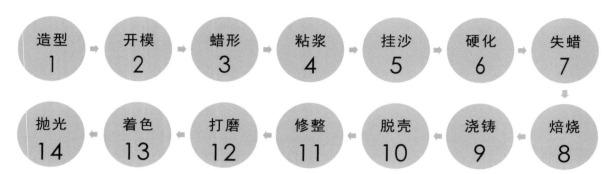

图 5-22　失蜡铸铜工艺流程

为 8 个阶段来说明本设计。

步骤一：灯座的泥塑造型

灯座的设计选择具有高吸附性的壁虎脚掌为仿生素材，在灯座设计稿的基础上反复推敲、揣摩之后，用铁丝制作成模型骨架，然后在上面做泥塑大型，经数次调整后获得壁虎脚掌仿生的泥塑形态，为下一步的硅胶开模做好准备。泥塑塑造过程如图 5-23 所示。

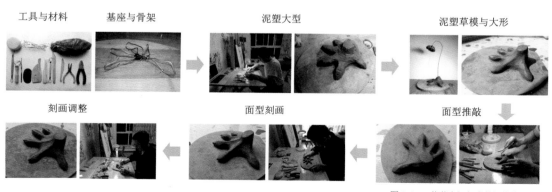

图 5-23　莲蓬台灯灯座的泥塑塑造过程

步骤二：灯罩与灯座的硅胶开模

先将莲蓬实物的莲子仓进行填泥，以免脱模时卡模，然后进行分模处理。接着在莲蓬和壁虎脚掌的泥膜上刷脱模剂，5分钟后，再刷上硅胶乳液，紧接着在模型表面贴上纱布，完成硅胶模具的制作。硅胶开模过程如图5-24所示。

填泥　　　分模　　　刷脱模剂　　刷硅胶乳液与贴纱布　　硅胶模

图5-24　莲蓬台灯灯罩与灯座的硅胶开模过程

步骤三：翻石膏外模、摇蜡形、修蜡形

通过灯罩和灯座的硅胶模翻制石膏外模，以方便摇蜡形时固定硅胶模，保持蜡形的准确性。将蜡形进行修整，采用环状绕线熔蜡方法，重点将莲蓬与莲蓬杆相连的部位进行加粗处理，保持其自然的环状纹路，以便莲蓬灯头与灯的支架相连。制蜡形过程如图5-25所示。

翻石膏外模　　　摇蜡形与修蜡形　　　　　取得蜡形

图5-25　制蜡形的过程

步骤四：制作陶壳与铸铜

先在灯罩和灯座的蜡形上浸入耐高温的粘结剂—硅酸乙酯（黏浆），并反复涂覆多层特制的耐火石英砂（挂砂），制成9mm（5～7层）厚的外砂模，经除湿干燥后（硬化），放入高热（140～160℃）烘箱内融解蜡形便得到中空陶壳，再将陶壳放入烧结炉内经过900～1100℃温度焙烧（焙烧），得到中空的陶壳模具，最后将融化的青铜液（熔点800℃）经浇铸系统注入陶壳内，完成铸造（浇铸）。制作陶壳与铸铜过程如图5-26所示。

浸硅酸乙酯　　　高温材料制壳　　　烘箱融解蜡形　　　焙烧陶壳和铸铜

图5-26　制作陶壳与铸铜

步骤五：铸铜件的修整与处理

铜液铸入灯具的陶壳模具至冷却，将灯罩和灯座的铸铜体与陶壳剥离，取出粗胚体（脱壳）。通过做切割焊接（修整），去掉支架，作喷砂清洁处理后，再进行机抛光、整形等处理（打磨）。对灯罩的中心部位进行激光线切与开孔，以便安装LED灯珠和电源线，对灯座进行封底和开孔处理，用于安装变压器和电源线。修整与处理过程如图5-27所示。

除壳吹砂　　　焊接修整　　　　　　　获得铸铜件

图5-27　铸铜件的修整与处理

步骤六：灯柱的型材选择与冷弯成型

为便于在灯柱内布设电源线，其制作材料选用延展性强的中空紫铜管（直径为 7.5mm，壁厚度为 1mm），经过冷弯成型得到所需要的灯柱形态。如图 5-28 所示。

选择灯柱的型材　　　　　　　铜管线材的切割　　　　　　　冷弯成型

图 5-28　灯柱的型材选择与冷弯成型

步骤七：选择色彩与高温着色处理

莲蓬台灯的整体色彩采用色彩仿生的方法，选择莲蓬生长过程中具有生命感的蓝绿色，以营造荷田的自然气息。通过与青铜高温着色剂的色卡对比后，选择与莲蓬自然色彩较为接近的绿蓝银色。

将修整完毕的灯具铜件刷上着色底色，接着用乙炔和氧气混合燃烧来给铜件加热，同时，喷上绿蓝银着色液（着色），反复多次，直到色彩达到需要的饱满度为止。待铜件冷却后再刷上抛光蜡，放置 20 分钟，用棉布抛光即可（抛光）。如图 5-29 所示。

上绿蓝银底色　　　　　　　　高温着色与打蜡　　　　　　　打蜡抛光

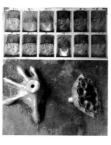

图 5-29　选择色彩与高温着色处理

图 5-30　生物原型与台灯模型

步骤八：装配莲蓬台灯

　　将灯柱上下端口外弓丝，灯罩与灯座内弓丝，用有韧性的紫铜管做弯曲处理，达到台灯灯柱需要的曲度，连接灯头与灯柱，安装 LED 灯珠，连接电源线和变压器，完成台灯的实物装配（如图 5-30，图 5-31 所示）。该灯由 20 颗 3.6V 的 LED 灯珠加上一个 300mA/24-80V 的变压器构成灯具的内核。

图 5-31　"绿韵"台灯的产品实物

仿生设计实践案例——KTV 公用话筒消毒机

依据产品形态设计仿生的理论及设计思维程序模型，在 KTV 公用话筒消毒机设计实践中采用从产品问题到生物学的设计程序。KTV 公用话筒消毒机设计的思维过程如图 5-32 所示。

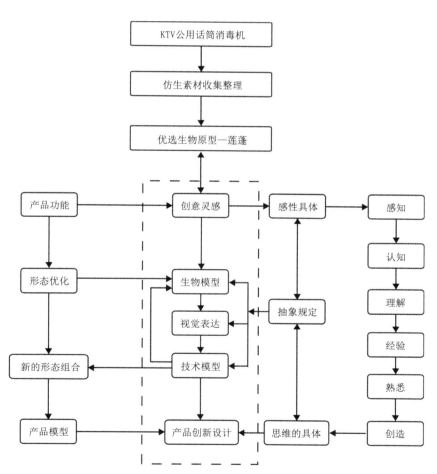

图 5-32　KTV 公用话筒消毒机设计的思维过程图

确立设计的概念

确立产品设计目标

KTV 公用话筒清洁消毒是困扰 KTV 多年的问题，一直没有很好地解决办法和消毒措施，只能暂时使用话筒套。针对此问题，进行话筒消毒机的创新设计。

产品设计定位

KTV 公用话筒里细菌横生，其中有害细菌有：大肠杆菌、烟曲霉菌、绿脓杆菌、金黄色葡萄球菌、链球菌，以及沙眼衣原体等，经常有抵抗力弱的人唱了卡拉 OK 之后就生病。目前，KTV 普遍没有对话筒进行现场消毒的专用器具，该设计定位为 KTV 的歌厅内现场循环消毒使用，采用臭氧和紫外线双重消毒杀菌技术。紫外线杀灭物品表面的细菌，臭氧杀灭物品内部缝隙中的细菌，为了给广大消费者带来洁净安全的全新娱乐生活方式

生物素材的收集

确定好产品设计的概念后，选择合适的生物原型。选择生物原型前，笔者收集了多种生物素材，并对每一类生物形态进行了形态美感与象征语意的认知分析，以及对仿生应用方向的初步评估。

选择生物原型

通过多次对比，最后从众多的生物形态中选择莲蓬的形态来设计。

寻找生物原型与产品之间的相似性

由于该设计是一种自动消毒清洁电子产品，这与"莲"的出淤泥而不染的"自洁"生物寓意相吻合，让产品传达出自洁，卫生的语意。另外"莲子仓"与话筒消毒仓在形态上有很大的相似之处。

确定具体创意方案

依据莲蓬构造特征，采用整体抽象法，提取其整体圆盘状作为话筒消毒机的主体造型形态。结合消毒机产品的功能需求，将莲子仓简化为 6 个，设置为话筒消毒仓，机体内部采用紫外线和臭氧双重消毒杀菌技术。

生物形态优化

　　以莲蓬的壳体形态作为仿生对象，采用整体抽象仿生法，将莲蓬的外形简化后再优化成话筒消毒机的机体。莲子仓提炼抽象优化成话筒消毒仓。

方案的视觉化

　　依据设计图完成以莲蓬为仿生对象的话筒消毒机的电脑三维建模效果，如图5-33所示。

图5-33　莲蓬仿生设计在KTV话筒消毒器的设计实践

附录：图片及表格来源

1. 图 1-1　亚历克斯·布拉迪 (Alex Brady) 依据动物设计的未来飞行器（图片来源：http:// image.baidu.com）

2. 图 1-2　科拉尼设计的交通工具（图片来源：http://image.baidu.com）

3. 图 1-3　意大利阿莱西（Alessi）公司作品（图片来源：http://image.baidu.com）

4. 图 1-4　威廉·莫里斯设计作品（图片来源：http://image.baidu.com）

5. 图 1-5　新艺术运动中家具与首饰设计（图片来源：http://image.baidu.com）

6. 图 1-6　巴黎地铁入口，赫克托·吉马德（Hector Guimard）（图片来源：http://image.baidu.com）

7. 图 1-7　巴特罗公寓，安东尼·高迪（图片来源：http://image.baidu.com）

8. 图 1-8　圣家族教堂，安东尼·高迪（图片来源：http://image.baidu.com）

9. 图 1-9　雷蒙·罗维 (Raymond Loewy) 设计的流线型火车头（图片来源：http://image.baidu.com）

10. 图 1-10　雷蒙·罗维 (Raymond Loewy) 设计的可乐瓶（图片来源：http://image.baidu.com）

11. 图 1-11　路易吉·克拉尼 (Luigi Colani) 的仿生设计作品（图片来源：http://image.baidu.com）

12. 表 1-1　国外汽车仿生造型设计的经典案例（图形来源：自绘）

13. 表 1-2　国外汽车仿生造型设计的经典案例（图形来源：自绘）

14. 表 1-3　国外汽车仿生造型设计的经典案例（图形来源：自绘）

15. 表 1-4　国内高校仿生研究文献统计表（图形来源：自绘）

16. 表 1-5　国内高校仿生研究专著统计表（图形来源：自绘）

17. 表 1-6　国内艺术院校仿生设计研究专著统计表（图形来源：自绘）

18. 表 1-7　国内艺术院校仿生设计研究专著统计表（图形来源：自绘）

19. 图 2-1　浓郁自然气息的仿生设计产品（设计图片源自《仿生产品设计》善本出版有限公司编著）

20. 表 2-1　早期人类的"仿生"杰作（表格自绘，图片源自 http://image.baidu.com）

21. 图 2-2　仿生设计的一般思维流程（图形来源：自绘）

22. 图 2-3　仿生设计思维创造过程（图形来源：自绘）

23. 图 2-4　仿生设计螺旋（图形来源：依据 Janine·Benyus 的仿生设计螺旋绘制）

24. 图 2-5　从生物学到设计的仿生设计螺旋模型（图形来源：仿生设计概论）

25. 图 2-6　从挑战到生物学的仿生设计螺旋模型（图形来源：仿生设计概论）

26. 表 2-2　仿生的类型（图表来源：自绘）

27. 图 2-7　现代趣味性仿生产品设计（图片源自 http://image.baidu.com）

28. 图 2-8　婴儿褔褓产品设计（图片源自《奖述生活——生活工作室获奖及参赛作品选》，作者：张剑，出版社：福建美术出版社）

29. 图 2-9　防暴鞋的仿生设计（图片源自 http://image.baidu.com）

参考文献

[1] 于帆，陈嬿 . 仿生造型设计 [M]. 武汉：华中科技大学出版社，2005：5.

[2] 徐伯初，陆冀宁 . 仿生设计概论 [M]. 成都：西南交通大学出版社，2016：10.

[3] 丁启明 . 产品造型设计中的形态仿生研究 [D]. 合肥工业大学，2007：8.

[4] Gillian Naylor, "Hector Guimard-Romantic Rationalist?" in Hector Guimard, ed., David
    Dunster (London: Academy Editions, 1978), p.12.

[5] 贾祖莉 . 用曲线说话的人——科拉尼和他的作品 [J]. 大众文艺，2011，9：110-111.

[6] 田君自然：源头与方向——卢吉·科拉尼的仿生设计 [J]. 装饰，2013，04：35-40.

[7] Hill, Bernd. GoalConstruction Process[J]. Setting Through Contradi-ction Analysis
    Creativity and Innovation Management: 2005 in the Bionics-Oriented1: 59-65.

[8] 汪久根，郡建辉 . 仿生机械结构设计 [J]. 润滑与密封，2003，07：35-36.

[9] 人民网：香山科学会议探讨"仿生学的科学意义与前沿" . [EB/OL]. 2003-12-16. http://www.
    people.com.cn/GB/keji/105612249107.htm1

[10] Janis Birkeland. Design for Sustainability[M]. USA: Published in The UK and USA in by
     Earthsean Publication. 2008: 84-95.

[11] Kate Fletchert Lynda Grose. Fashion and Sustainability: Design for Change[M].
     LawrenceKing Publishers, 2011: 57-63.

[12] Dormer Peter. The Meanings of Morden Design[M]. Lhanes and Hudson Lid, 2007.

[13] 徐玉琴 . 基于仿生设计的产品基础形态研究 [D]. 南京林业大学，2009：4.

[14] 山仑，黄占斌，张岁岐 . 节水农业 . [M] 北京：清华大学出版社，2000：12-13.

[15] 霍郁华，戴军杰，董朝晖 . 我的世研究 [D]. 合肥工业大学，2007：8.

[16] 于秀欣 . 论仿生设计的原创性方法在现代创新设计中的应用 [J]. 艺术百家，2006（2）：
     93-95.

[17] 孟庆枢主编 . 西方文论选（上卷）[M]. 北京：高等教育出版社，2002：4-5.

[18] （美）鲁道夫·阿恩海姆 . 艺术与视知觉 [M]. 滕守尧，朱疆源译 . 成都：四川人民出版社，
     1998：引言 7.

[19] 米宝山 . 仿生思维和新产品开发 [C] // 柳冠中 . 中国工业设计协会十年优秀论文选 . 北京：
     中国轻工业出版社，1986：276-283.

[20] ［美］Maggie Macnab. 源于自然的设计：设计中的通用形式和原理（Design by Nature:
     Using Universal Forms and Principles in Design）[M]. 樊旺斌，译 . 北京：机械工业出版社，

2012：209.

[21] 李智健.从生物原型到仿生设计研究——医疗舱体在地震救灾中的应用[D]. 北京: 清华大学，
2013：12-13.

[22] Terri Peters. Nature as Measure: the BiomimicryGuild[J]. Architectural Design. 2011,
81(6)：44-47.

[23] Emily Pilloton. Design Revolution: 100 Products that Empower People[M]. Metropolis
Books. 200Page 109.

[24] 王书荣.自然的启示 [M]. 上海：上海科学技术出版社，1978.

[25] 孙久荣，戴振东.仿生学的现状和未来 [J]. 生物物理学报，2007，23 (2)：109-115.

[26] 李亮之.色彩设计 [J]. 北京：高等教育出版社，2006.

[27] 曹田泉，王可.设计色彩 [M]. 上海：上海人民美术出版社，2005：94.

[28] 许永生.论产品设计中的人性化 [J]. 装饰，2008，02：133.

[29] （意）克劳迪欧·乔尔乔，[法] 帕特里克·布琼等. 达·芬奇笔记的秘密 [M]. 秦如蓁，译.重
庆：重庆出版社，2015：125.

[30] 郭志光，刘维民.仿生超疏水性表面的研究进展 [J]. 化学进展，2006，6：721-726.

[31] （美）苏珊·朗格.艺术问题 [M]. 滕守尧. 北京：中国社会科学出版社，1983.

[32] 武文婷.植物非形态仿生在工业设计中的应用研究 [J]. 包装工程，2008，29(5)：128-130.

[33] 张凯，周莹.设计心理学 [M]. 湖南：湖南大学出版社，2010：034.

[34] 贾卫.论形式美学原则在产品形态设计中的应用 [J]. 北京：艺术与设计：理论，2015(6)：
106-108.

[35] 李锋，潘荣，陆广谱.产品形态创意 [M]. 北京：中国建筑工业出版社：2010，11：39.

[36] 孙宁娜，张凯 仿生设计 [M]. 北京：电子工业出版社，2014：46.

[37] 张凌浩.产品的语意 [M]. 北京：中国建筑工业出版社，2009，06：51.

[38] 胡宋云，周俊良.文化仿生仿生设计的新领域 [J]. 艺术教育，2007，09.

[39] 丁启明，韩春明.产品设计中的仿生设计 [J]. 科技经济市场，2007，01.

[40] 赵晓巍.冰箱的人性化设计研究 [D]. 山东大学，2006：1.

[41] 于帆.仿生设计的理念与趋势 [J]. 装饰，总第期 2013(240)：26.

[42] 刘烨.马斯洛的人本哲学 [M]. 呼和浩特：内蒙古文化出版社，2008.

[43] 陈静.论仿生设计中的情感因素 [J]. 现代装饰 (理论)，2012，03：48.

[44] 熊杨婷，聂丹 . 产品形态仿生设计中的情感化设计体现 [J]. 大众文艺，2012，9：124.

[45] 王立端，吴菡晗 . 再论绿色设计 [J]. 生态经济，2013，10：192-199.

[46] 陆冀宁，徐伯初，支锦亦 . 仿生设计中的绿色设计理念探讨 [J]. 生态经济 (学术版)，
     2014，02：279-283.

[47] 代菊英 . 产品设计中的仿生方法研究 [D]. 南京航空航天大学，2007：16-17.

[48] [意] 克劳迪·欧乔尔乔，[法] 帕特里克·布琼等 . 达·芬奇笔记的秘密 [M]. 秦如蓁译 . 重
     庆：重庆出版社，2015：133.

[49] 张祥泉 . 产品形态仿生设计中的生物形态简化研究 [D]. 湖南大学，2006：27.

[50] 鲁道夫·阿恩海姆 . 视学思维 [M]. 腾守尧译 . 成都：四川人民出版社 .1998：5-320.

[51] 邬烈炎 . 解构主义设计 [M]. 南京：江苏美术出版社，2001.

[52] 陆冀宁 . 仿生设计中生物形态特征提取浅析 [J]. 装饰，2009，01：137.

[53] 郭南初 . 产品形态仿生设计关键技术研究 [D]. 武汉理工大学，2012：49.

[54] [美]MaggieMacnab，源于自然的设计—设计中的通用形式和原理 [M]. 北京：机械工业出
     版社，2012：44.

[55] 李超先 . 类细胞仿生建筑设计方法研究 [D]. 大连理工大学，2013：28.

[56] 陆冀宁 . 国外现代家具领域中的仿生设计规律研究 [D]. 江南大学，2005：10.

[57] 何镇强，张石红 . 中外历代家具风格 [M]. 郑州：河南科学技术出版社 .1998：5.

[58] 江坤 . 浅谈仿生设计在 LED 灯具设计中的应用 [J]. 科技与创新，2015，10：78.

[59] 潘登 . 黄金分割比例在设计中的应用 [J]. 艺术品鉴，2016，06：65-66.

[60] Fiell C, Fiell P 1000 Lights, vol 1, Taschen, London, 1995.

后 记

人类的起源离不开大自然，人类的生存和进化过程就是人类观察自然、了解自然，学习自然的过程。在此过程中，人类不断模仿大自然，并结合生存与生活需求，设计创造出具有强烈自然气息的产品，产品仿生设计应运而生。

自工业革命以来，人类社会的飞速发展，人口数量呈爆炸式增长，土地资源过度开发，工业高度发达，人类现在的生活方式与大自然的循环系统相矛盾，生态危机正步步逼近大自然的容纳极限。节约资源、保护生态环境成为全人类当务之急，尤其是设计师，作为创造第二自然的使者，应尊重自然的发展规律，建构一种人与大自然和谐共生的生态秩序，改善人类的生活质量和地球环境。幸运的是，当今设计师们的思想正悄然发生变化，越来越多的设计师采用仿生设计方法，以自然生物形态作为设计对象，使设计出来的产品具有独特的自然美感，超越想象的创新，深受人们的喜爱和追捧。仿生设计是设计追求人性、回归自然的方法，并以其独特的魅力逐渐成为产品造型设计的新趋势。

仿生设计是一个无比庞大复杂的系统，本书研究重点在于产品形态设计仿生的方法与思维程序，这只是仿生设计中的一个方面。我国高等艺术院校和综合型大学的设计院系开设产品设计专业的较多，产品仿生设计是工业产品设计实践中非常重要的设计方法，然而，国内专门从事仿生设计研究的专著并不多见。笔者从事产品设计及仿生设计教学十八年，本书的出版，亦是多年对仿生设计理论的梳理、仿生设计实践研究和教学经验的总结，以期能够抛砖引玉，推进仿生设计研究不断向前发展；同时，对从事产品设计的设计师及学习产品设计的同学予以帮助。

本书在写作过程中得到了西南交通大学建筑与设计学院的徐伯初教授的悉心指导，学院的支锦亦教授、李芳宇副教授等相关专业的老师也为本书的撰写提供了许多宝贵的意见，在此深表谢意。同时，感谢西南交大 2018 级研究生唐楚、吴尤荻、李丽丽等同学在本书的排版、封面设计、文本矫正等工作上付出的劳动，特别感谢中国建筑工业出版社滕云飞等老师对本书所做的高质编审工作与大力支持。

本书中的部分图片源于互联网，未能准确注明出处，在此深表歉意。

由于本人水平有限，书中难免有疏漏和不足之处，衷心希望广大读者批评指正。

许永生

2019 年 7 月

128